ABHANDLUNGEN DER DEUTSCHEN AKADEMIE
DER WISSENSCHAFTEN ZU BERLIN

Klasse für Mathematik, Physik und Technik
Jahrgang 1956, Nr. 5

GUSTAV WIRTH

AUFGABEN DES MASCHINEN- UND APPARATEBAUES IN DER CHEMISCHEN GROSSINDUSTRIE

Mitteilungen der Sektion für Maschinenbau

1957

AKADEMIE-VERLAG · BERLIN

Vorgetragen auf der 8. Sitzung 1956 der Sektion
für Maschinenbau am 13. 6. 1956
Vorgelegt von Hrn. A. Jante in der Gesamtsitzung vom 6. September 1956
Zum Druck genehmigt am gleichen Tage, ausgegeben am 30. 6. 1957

Erschienen im Akademie-Verlag GmbH., Berlin W 8, Mohrenstraße 39
Lizenz-Nr. 202 · 100/143/57
Satz und Druck: Druckhaus „Maxim Gorki", Altenburg
Bestell- und Verlagsnummer: 2001/56/I/5.
Preis: DM 8.50
Printed in Germany

Inhaltsverzeichnis

1 Einleitung

Der Ingenieur, der in der chemischen Großindustrie tätig ist, hat primär nicht die Aufgabe, Maschinen und Apparate zu konstruieren oder zu bauen, sondern er soll diejenigen Aggregate, welche die Maschinenindustrie zu liefern in der Lage ist, zu einem Verfahren mit möglichst hohem wirtschaftlichem Gesamtwirkungsgrad vereinigen. Wesentlich dabei ist, daß es nicht nur auf die bestmögliche Ausgestaltung einer Einzeloperation, wie Mischen, Kneten, Destillieren oder Extrahieren, ankommt, sondern auf eine möglichst zweckmäßige Kombination einer ganzen Reihe derartiger Operationen. Man kann diese Arbeitsweise, im Gegensatz zu der Gestaltung von Einzeloperationen, zweckmäßig mit Verfahrenstechnik Oberstufe bezeichnen.

Bei der konstruktiven und rechnerischen Durcharbeitung chemischer Verfahren fällt dem Ingenieur außerdem die Aufgabe zu, die notwendigen physikalischen Berechnungen, wie z. B. die Ermittlung von Wärmetönungen, Wärmebilanzen, Wärmedurchgangszahlen und von Gleichgewichten durchzuführen, aber auch die Bemessung von Apparaten vorzunehmen, in denen sich chemische Reaktionen oder physikalische Vorgänge abspielen. So hat der Ingenieur z. B. zu untersuchen, ob man die CO-Konvertierung zweckmäßig drucklos oder unter Druck durchführt, oder ob die thermodynamisch beste Lösung die Kombination von drucklosem und Druckverfahren ist.

Bei dem beabsichtigten Aufbau einer Kohlenwasserstoff-Synthese muß er die Unterlagen beschaffen für eine Entscheidung, ob ein druckloses Verfahren oder ein mit 250 at oder evtl. 700 at Druck arbeitendes gewählt werden soll, unter Beachtung der Liefermöglichkeit der benötigten Apparate durch die im Land vorhandene Schwerindustrie.

Bei der Bearbeitung solcher Aufgaben kommt es aber vor, daß der Maschinen- oder Apparatebau keine für die Durchführung der Verfahren geeigneten Aggregate hat, und daß der Ingenieur in der chemischen Großindustrie gezwungen ist, sowohl konstruktiv neue Bauformen zu entwickeln als sie auch in eigenen Werkstätten zu bauen. Oft handelt es sich um Einzelanfertigungen, an denen der Maschinenbau kein sonderliches Interesse hat, vor allem, wenn ein gewisses Risiko und schnellste Lieferung damit verbunden sind. Es kommt aber auch vor, daß die chemische Industrie die Entwicklung eines Verfahrens geheimhalten möchte und keinen Wert darauf legt, daß über die Entwicklung einer neuen Maschine Kenntnis an die Öffentlichkeit dringt. Es werden aber auch oft besondere Anforderungen gestellt, so daß längere Versuche notwendig sind, die unter Umständen nur im chemischen Betrieb selbst, vom Maschinenbau aber nicht oder nur sehr schwer durchgeführt werden können.

2 Maschinenbau in der chemischen Industrie

Für solche Fälle benötigen also die Werke der Großchemie einen leistungsfähigen Maschinenbau, und deshalb haben sie von jeher ausgezeichnete Maschineningenieure beschäftigt und mit ihnen in vorbildlich eingerichteten Werkstätten einzelne Spezialmaschinen und Apparate entwickelt und gefertigt. Nur dieser Tatsache verdankt die chemische Großindustrie in Deutschland, insbesondere auf dem Hochdruckgebiet, ihre rasche Entwicklung und Weltgeltung.

Einige derartige Spezialmaschinen sollen im folgenden gezeigt und beschrieben werden:

2.1 Entspannungsmaschine

Flüssigkeiten unter hohem Druck spielen in der Hochdruckchemie besonders bei Kreislaufverfahren eine große Rolle. Da es sich meist um beträchtliche Flüssigkeitsmengen handelt, besteht die Forderung, die bei ihrer Entspannung freiwerdende Energie zurückzugewinnen. Bei der Druckkohlensäurewäsche, die mit Wasser bei 25 at arbeitet, benutzt man zu diesem Zwecke Pelton-Turbinen. Für die Entspannung von Kupferlauge, welche zum Auswaschen von CO aus Synthesegasen dient, oder von Waschöl, welches bei der Benzinsynthese leichte Kohlenwasserstoffe aus Hydrierungsrestgasen auswäscht, verwendet man jedoch Kolbenmaschinen, da sich Pelton-Turbinen für die Entspannung und Zentrifugalpumpen zur Verdichtung auf 250 at — bei diesem und höherem Druck arbeiten die beiden Verfahren — nicht so gut eignen, wie Kolbenmaschinen mit ihrem guten Wirkungsgrad.

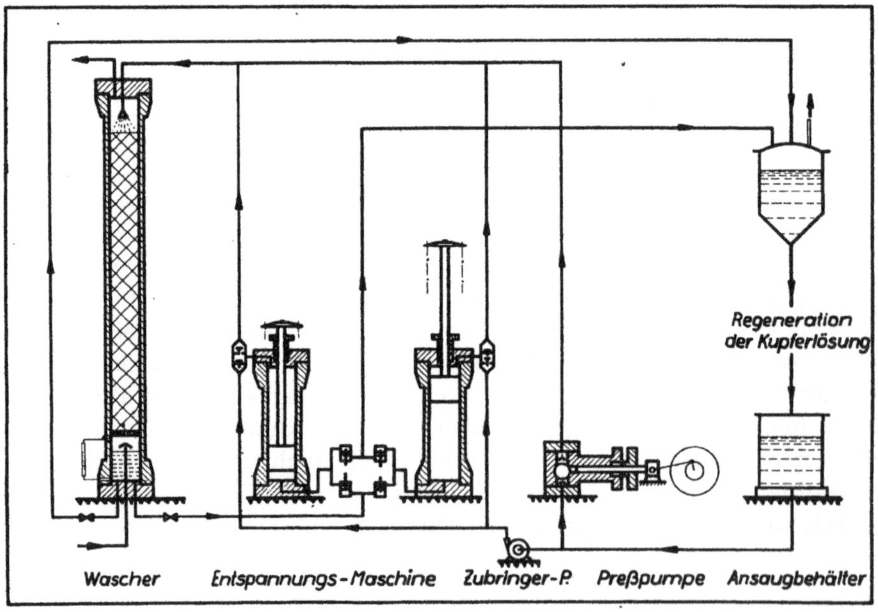

Abb. 1.

Die Entspannungsmaschine, Abb. 1, ist eine vertikale Zweizylinder-Hochdruckkolbenpumpe mit Differentialkolben. Die Waschflüssigkeit, die im Wascher bei einem Druck von 250 at beispielsweise Kohlenoxyd aus einem Stickstoff-Synthesegas ausgewaschen hat, gelangt über einen Steuermechanismus in einen der beiden Zylinder, und zwar auf die Unterseite des Kolbens. Sie drückt die oberhalb des Kolbens befindliche frische, regenerierte Lauge zu den Waschern hin. Dabei ist der Druck über dem Kolben im Verhältnis der Flächen Kolbenunter- zu -oberseite höher als der Druck auf der Unterseite, die geförderte Menge im gleichen Verhältnis jedoch kleiner als die zuströmende Flüssigkeit. Hat der Kolben fast die obere Endstellung erreicht, so wird durch den Steuerungsmechanismus der Flüssigkeit unter dem Kolben der Weg zu der drucklosen Regenerationsanlage freigegeben. Die regenerierte Lauge, welche durch eine Zentrifugalpumpe auf Druck gebracht wird, hat durch die Umsteuerung die Möglichkeit, in den oberen Teil des Zylinders einzuströmen und den Kolben nach unten zu bewegen. Die mit CO gesättigte Lösung im unteren Teil des Zylinders wird dadurch in die Regenerationsanlage ausgeschoben. Dort wird das von der Lösung aufgenommene CO restlos ausgeschieden, die Lauge zur Wiederbelebung des Waschprozesses wieder aufbereitet und einem Vorratsbehälter zugeführt. Aus diesem saugt die oben angegebene Zentrifugalpumpe die regenerierte Lauge an.

Der Förderdruck der Kreiselpumpe muß so groß sein, daß die Abwärtsbewegung des Kolbens bei der Füllung mit Frischlauge schneller als die Aufwärtsbewegung erfolgt, denn der Kolben des zweiten Zylinders muß sich bereits unten in End- und Rückstellung befinden, wenn der Umsteuerungsmechanismus beim Einlaufen des Kolbens des ersten Zylinders in die obere Endstellung ausgelöst wird.

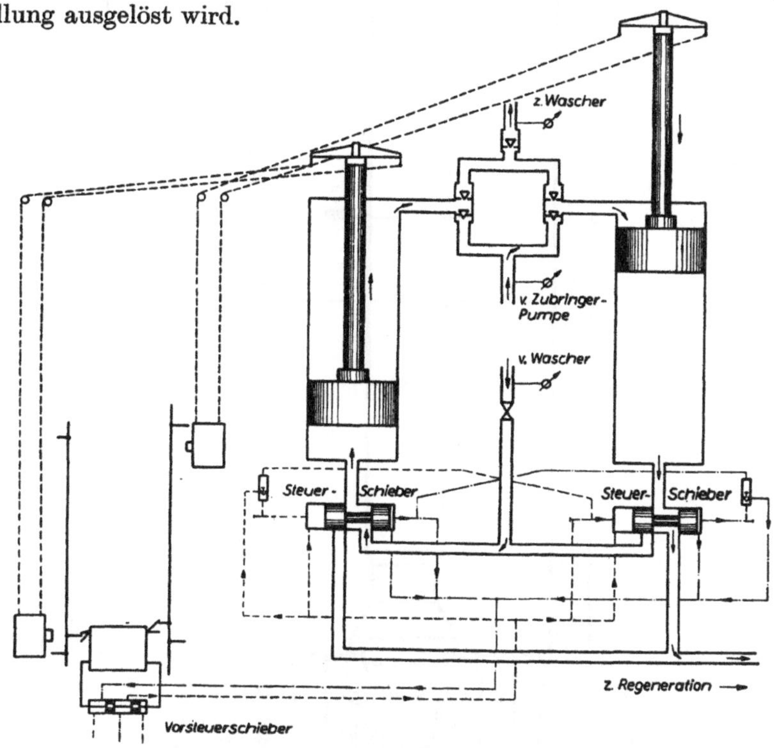

Abb. 2. Steuermechanismus der Entspannungsmaschine

Der Regelmechanismus, Abb. 2, besteht aus einem drehbar am Ende der Kolbenstangen gelagerten Bügel, an dem Gliederketten befestigt sind, die über Rollen geführt werden und am unteren Ende Gewichte tragen. Die Gewichte verschieben Zugstangen, die ihrerseits mittels eines Umschaltkastens mechanisch die Vorsteuerschieber wechselweise umschalten. Der Vorsteuerschieber betätigt hydraulisch mit Hilfe von 4 Rückschlag-, 4 Drossel- und 2 Differentialventilen 2 Hauptsteuerschieber, die den Zu- und Abfluß der Lösung unter den Kolben der Entspannungsmaschine regeln.

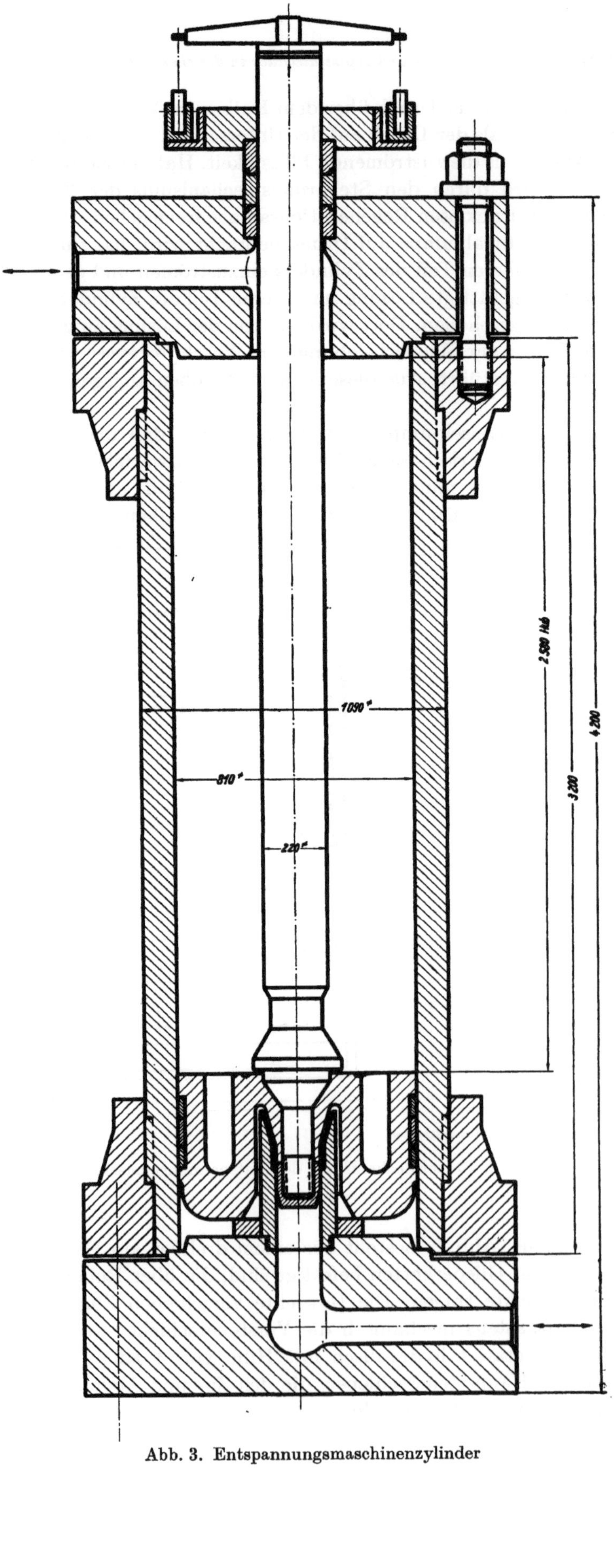

Abb. 3. Entspannungsmaschinenzylinder

Um eine möglichst wirksame Waschung zu erreichen, muß die Lauge dauernd gleichmäßig strömen und vermieden werden, daß während der Umsteuerung die Förderung kurz unterbrochen wird, d. h. der erste Kolben soll während der Schaltzeit noch laufen und seine Bewegung erst in dem Augenblick beenden, in dem der zweite Kolben sie nach Beendigung des Teil-Schaltvorganges aufnimmt. Das ist das Prinzip der sogenannten pausenlosen Förderung.

Zur Vermeidung von Stößen wird die Kolbenbewegung in den Endlagen durch Drosselung der Förderflüssigkeit gedämpft. Die Drosselung erfolgt durch kegelförmige Ausbildung der Kolbenstange, die in den Endlagen in entsprechende Aussparungen im oberen und unteren Zylinderdeckel passen.

Abb. 4. Ansicht einer Entspannungsmaschine

Abb. 4 zeigt eine Gesamtansicht der Maschine,

Abb. 5 das am schwierigsten herzustellende Teil, einen Steuerschieber.

Es wird jeweils die Druckenergie der mit CO gesättigten Lösung benutzt, um die entspannte regenerierte Lösung auf Druck zu bringen und in den Wascher zu fördern. Ungefähr 80% der Energie werden dadurch eingespart. Da infolge des Differentialkolbens weniger regenerierte Lösung gefördert als gesättigte Lösung entspannt wird, muß die Differenz durch eine zusätzliche Preßpumpe ausgeglichen werden.

2.2 Breipresse (Leistung 20 m³/h, 250 at)

Bei der Lösung der Aufgabe, getrocknete Braunkohle zu hydrieren, muß die Kohle kontinuierlich in die Reaktionsgefäße eingeschleust werden. Das ist nur dadurch möglich, daß die in Staubform gebrachte Kohle durch Mischen mit einem Schweröl in einen pumpfähigen Brei verwandelt wird.

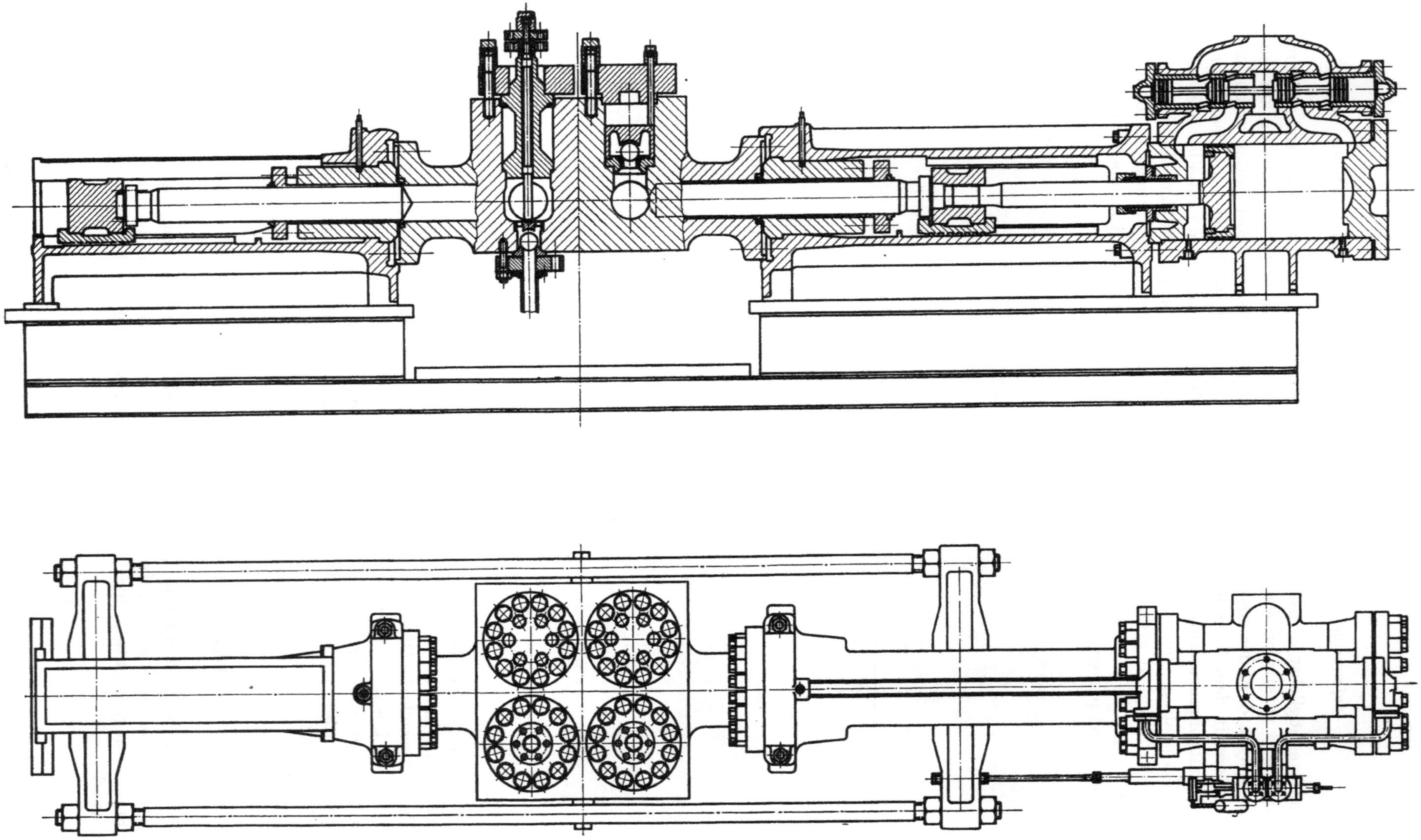

Abb. 6. Breipresse für Kohlehydrierung

Abb. 5. Steuerschieber einer Entspannungsmaschine

Die außerordentlich empfindliche Hydrierreaktion ebenso wie der Aufheizvorgang des Kohlebreis auf 500° C in gasbeheizten Vorheizern verlangen eine vollständig gleichmäßige Strömung und stufenlos regelbare Förderung der zu hydrierenden Substanz.

Zentrifugalpumpen scheiden wegen des hohen Druckes von 250 at und der Verschleißwirkung aus. Die normalen Kolbenpumpen mit Dampf oder elektrischem Antrieb über einem Kurbelmechanismus kommen wegen der schlechten Regelbarkeit und der hohen Kolbengeschwindigkeiten nicht in Frage. Die Einspritzmengen für die Kohlekammern werden direkt von der jeweiligen auf die Kammer geschalteten Kohlebreipresse dosiert. Eine Einspritzregelung über Puffer und Regelventile kommt wegen der Schliffwirkung nicht in Betracht. Die Fördermenge der Kohlebrei-Einspritzpumpen muß also von 0 bis zur maximalen Fördermenge von 20 m^3/h stufenlos geregelt werden können.

Man baut deshalb doppeltwirkende Kolbenpumpen, die hydraulisch unter Zuhilfenahme von Drucköl oder Wasser-Bohröl-Emulsion von 45 at durch einen Kolbenmotor angetrieben werden (Abb. 6).

Der relativ hohe Druck des Treiböles von 45 at erlaubt relativ kleine Abmessungen des Ölzylinders. Der Antrieb der einen Pumpenseite erfolgt direkt über Kreuzkopf und Kolbenstange, während die zweite Pumpenseite über zwei außen liegende Zugstangen, Kreuzkopf und Traverse angetrieben wird.

Die Umsteuerung des Kolbens erfolgt ähnlich wie bei Duplexpumpen über ein vom Kreuzkopf betätigtes Gestänge und Vorsteuerschieber, der seinerseits den Hauptsteuerschieber umlegt.

Abb. 7 zeigt eine Ansicht der Breipresse,

Abb. 8 die dazugehörige Ölpumpe, eine 10stufige Hochdruck-Zentrifugalpumpe, die das Treiböl oder Treibwasser liefert, mit Antriebsmotor.

Abb. 7. Ansicht einer Breipresse

Abb. 8. Ölpumpe für Breipressenantrieb

2.3 Hochdruckkolbenkompressor für 120 Nm^3/h, Ansaugedruck 150 at, Enddruck 1500 at

Chemische Reaktionen verlangen zum Teil hohe Drücke, wie z. B. die Ammoniaksynthese, die Alkoholsynthese und die Kohlehydrierung. Die Forderung, die Kompression auf 1500 bis 2000 at zu steigern, wurde in der letzten Zeit gestellt, um Äthylen zu verdichten, das zu dem äußerst wichtigen Kunst- und Isolierstoff Polyäthylen polymerisiert werden soll.

Nach mehreren Versuchen wurde eine Maschine für 120 Nm³/h mit 100 U/min und 120 mm Hub bei 25 mm Plungerdurchmesser gebaut, die zur Drucksteigerung von 150 auf 1500 at dient (Abb. 9).

Der Zylinder wurde in 3 Teile aufgelöst: In den eigentlichen zylindrischen Körper, der den Kompressionsraum mit Stopfbuchse enthält, in den Zylinderdeckel, der mit langen elastischen

Abb. 9. Höchstdruckkompressor für 1500 at

Schrauben gegen den Zylinder gepreßt wird, und ein Druckstück, das zwischen Zylinder und Zylinderdeckel geschaltet ist und die Bohrungen für Saug- und Druckventil enthält (Abb. 10).

Die beiden Ventile werden durch zwei im Zylinderdeckel angeordnete Anschlußstutzen gegen das Druckstück gepreßt. Die Abdichtung der Ventile sowohl gegen das Druckstück als auch gegen die Anschlußstutzen erfolgt durch metallische Linsendichtungen.

Das Druckstück als derjenige Teil der Maschine, das der höchsten Beanspruchung unterworfen ist und am leichtesten zu Bruch gehen kann, ist leicht und schnell auszuwechseln.

Ein besonderes Problem stellt die Stopfbuchse dar. Am besten hat sich bisher Teflon bewährt, während Perlon nicht geeignet ist. Die Schmierung des Plungers erfolgt mit Glyzerin.

Den konstruktiven Aufbau des Ventils zeigt Abb. 11.

Der Ventilkörper ist dreiteilig und zur Beherrschung der hohen Spannungen in Schrumpfkonstruktion ausgeführt, für das eigentliche Ventil ist die Patronenform gewählt, und es besteht aus Werkzeugstahl.

Bei einer Neukonstruktion wird man zweckmäßig mit zweistufiger Kompression von 300 auf 1500 at arbeiten.

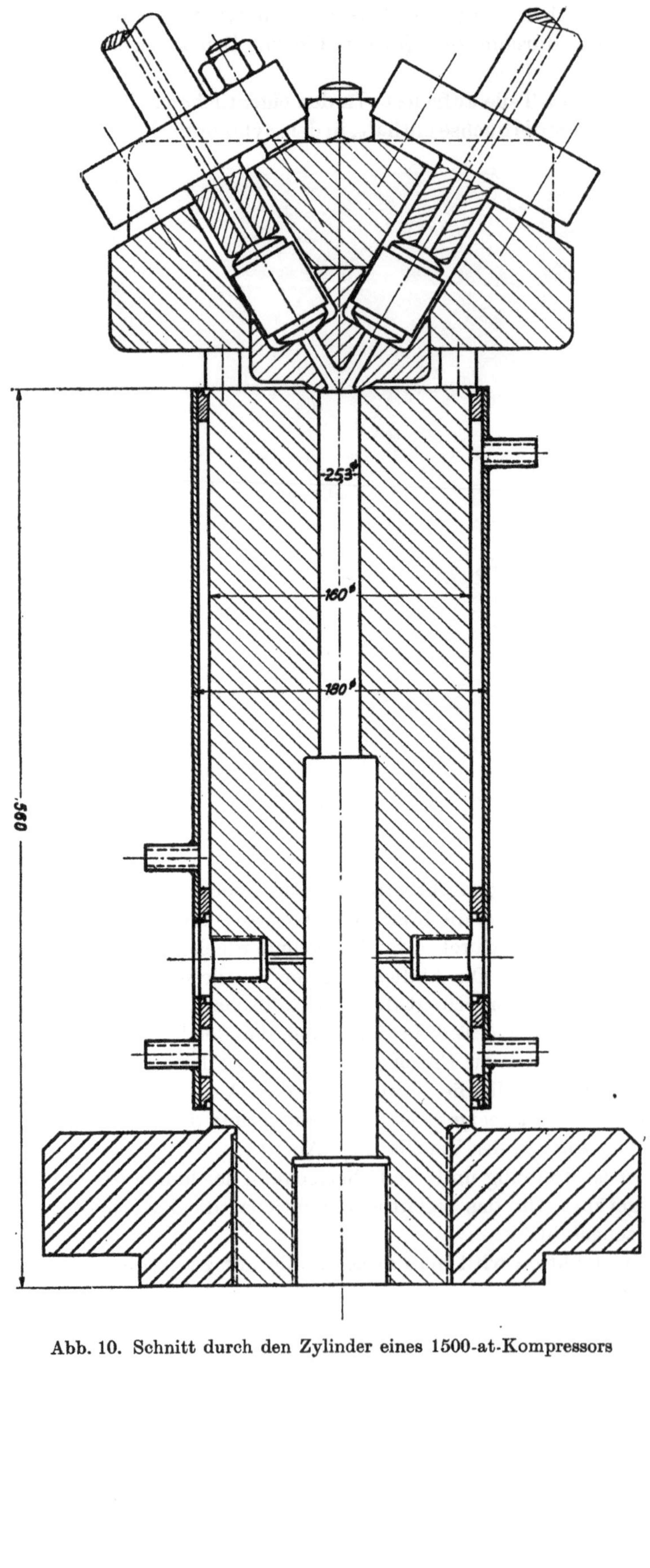

Abb. 10. Schnitt durch den Zylinder eines 1500-at-Kompressors

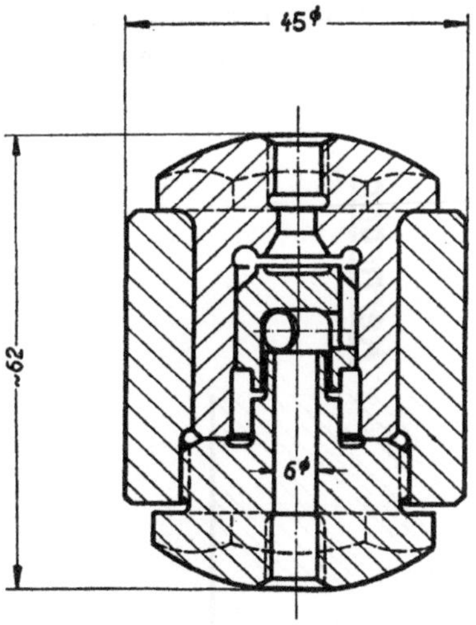

Abb. 11. Patronenventil für 2000 at Betriebsdruck

Abb. 12. Autoklav für 2600 at Betriebsdruck

2.4 Hochdruckautoklav für 2600 at Betriebsdruck

Der höchste Druck, für den bisher in Leuna ein Autoklav zur Durchführung von chemischen Reaktionen gebaut worden ist, beträgt 2600 at (Abb. 12).

Besondere Schwierigkeit bietet die Vergütung des Schmiedekörpers, da es sich meist um legiertes Material handelt, das für Temperaturen von 400—600° C geeignet sein muß. Falls der Autoklav zylindrische Form hat, wird zweckmäßig die Beherrschung der hohen Spannungen durch eine Schrumpfkonstruktion, also durch vorher aufgebrachte Druckspannungen, erreicht.

2.5 Hochdruckwickelkörper

Schon vor Ausbruch des zweiten Weltkrieges stand Schmiedekapazität nur in beschränktem Umfang für die Fertigung von Hochdrucköfen für die chemische Industrie zur Verfügung. Dr. Schierenbeck hat damals zur Überbrückung dieses Engpasses in Oppau ein Verfahren ausgearbeitet, bei welchem auf ein verhältnismäßig schwaches Kernrohr ein profiliertes Band in mehreren Lagen in glühendem Zustand aufgewickelt wird. Die Form des Bandes garantiert nicht nur die Aufnahme von Radial- und Tangentialspannungen, sondern auch von Spannungen in axialer Richtung.

Da in der DDR zunächst noch keine schweren Schmiedepressen zur Verfügung standen und auch keine Erfahrungen im Schmieden großer und schwerer Hohlkörper vorhanden waren, entschloß man sich in Leuna, wo für den Ausbau der Hochdrucksynthese Hochdruckmäntel benötigt wurden, im Jahre 1953 die Technologie des Wickelverfahrens auszuarbeiten.

Die Form des verwendeten dreirilligen Bandes zeigt Abb. 13.

Besondere Sorgfalt ist auf seine exakte Herstellung zu verwenden. Das auf Rotglut erwärmte Band muß mit seinen Rillen und Wulsten auf der Unterseite genau in die Rillen und

Wulste des kalten Kernrohres passen, damit beim Erkalten Längsspannungen erzeugt werden. Das gleiche gilt dann für jede aufzubringende glühende neue und die darunter befindliche bereits erkaltete Lage.

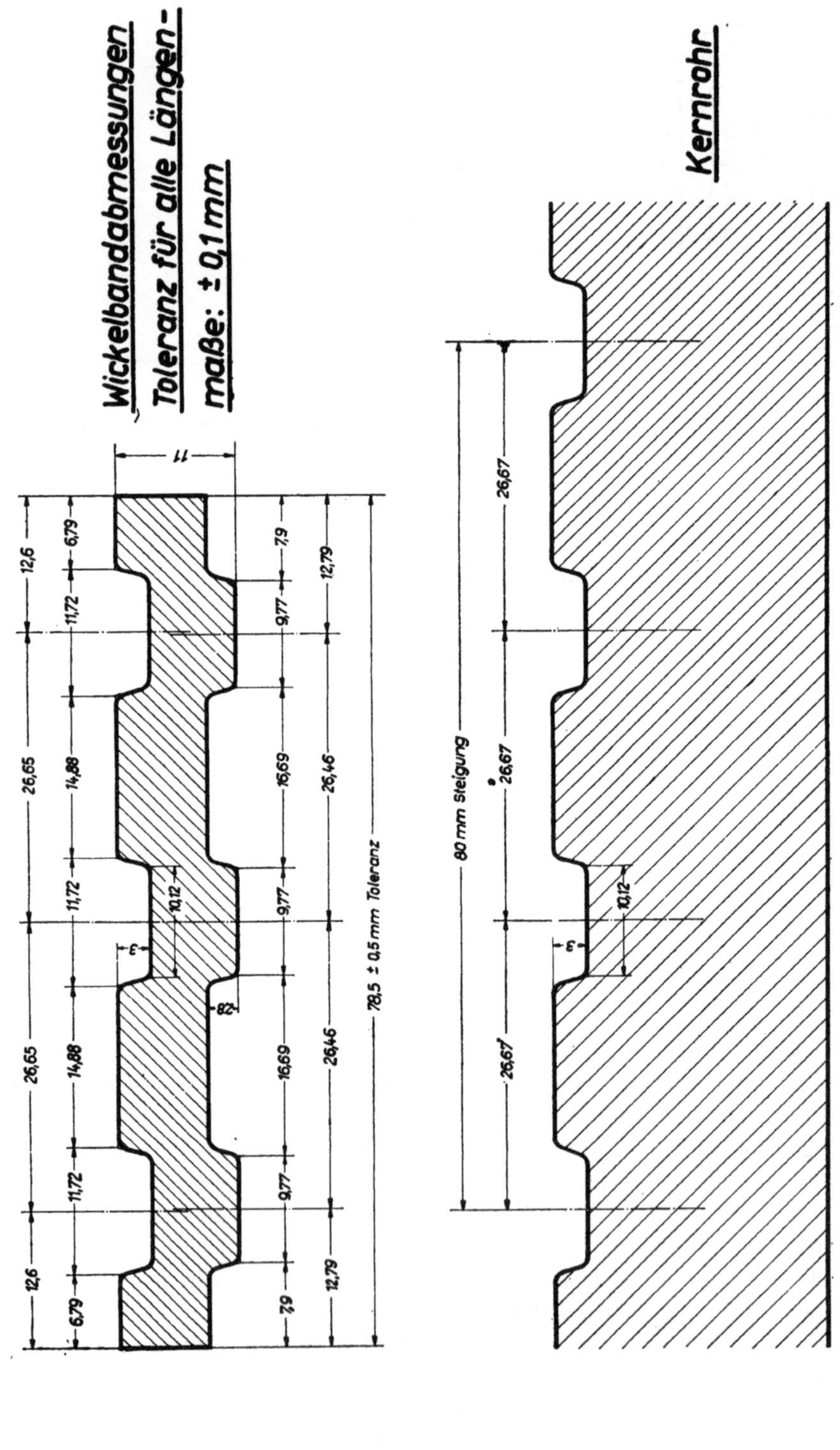

Abb. 13. Wickelband für Hochdruckhohlkörper

Das Wickeln selbst erfolgt auf einer schweren Drehbank (Abb. 14).

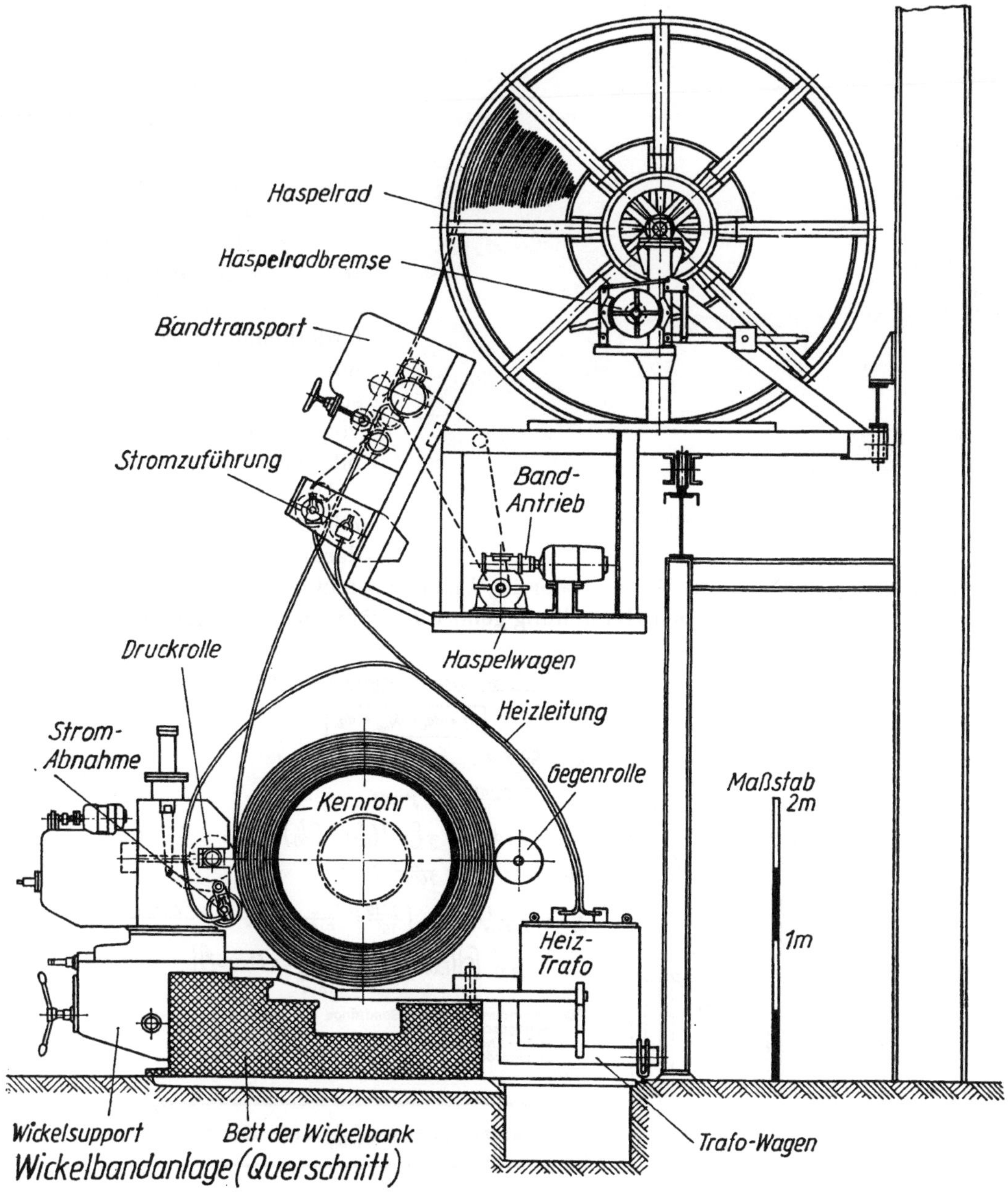

Abb. 14. Wickelbandanlage Querschnitt

Das Band wird auf eine Trommel aufgewickelt, die sich auf einem Wagen über der Drehbank, an der Werkstattwand fahrbar angeordnet, befindet. Der Wagen bewegt sich mit gleicher Geschwindigkeit wie der Support.

Das Band läuft von der Trommel über eine Bandtransportvorrichtung, die Kontaktrollen der elektrischen Stromzuführung und eine Stromabnahmerolle, welche sich auf dem Support

Abb. 15. Wickelbandanlage, Ansicht

befindet, auf das Rohr auf. An der Auflaufstelle wird es durch eine Profilwalze gegen das Rohr gepreßt (Abb. 15).

Der Heizstrom wird mittels Stahlwalzen zugeführt und mittels der Profilwalze abgeleitet. Die Temperatur des durchlaufenden Bandes steigt von der Stromeinleitungsstelle bis zu ihrem höchsten Wert an der Bandauflaufstelle. Die Berechnung des erforderlichen Heizstromes wurde unter Berücksichtigung von Abstrahlung und Wärmeableitung von FALTIN durchgeführt (Abbildung 16).

Die Enden des Bandes werden mit dem Kernrohr bzw. mit der darunterliegenden Bandlage verschweißt. Flansche können in Massiv- oder in Wickelkonstruktion aufgebracht werden.

Zu den Vorzügen der einfachen Herstellung gehört die völlig gleichmäßige Durcharbeitung des Bandmaterials.

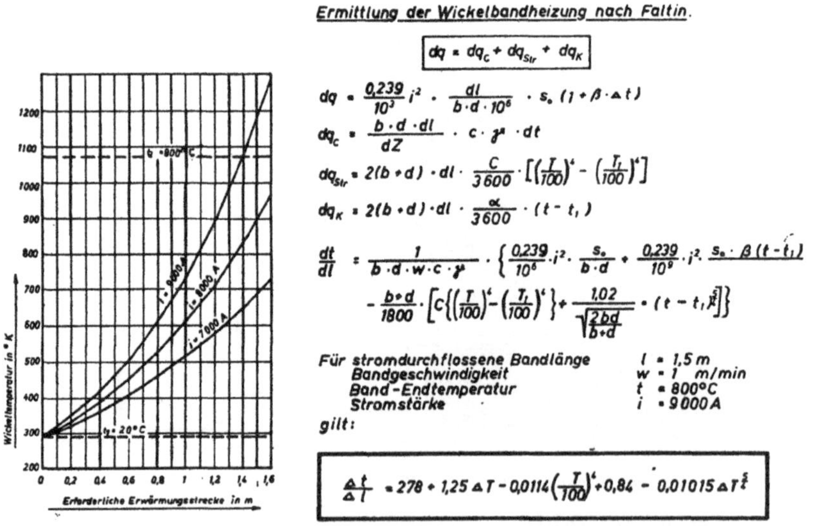

Abb. 16. Berechnung der Wickelbandaufheizung nach Faltin

2.6 Winkler-Generatoranlage

Das von Dr. WINKLER erfundene und nach ihm benannte Wirbelschichtverfahren zur kontinuierlichen Vergasung von getrockneter Braunkohle oder von Grude wurde in Leuna in jahrzehntelanger Arbeit insbesondere durch Oberingenieur SABEL zu großer technischer Reife entwickelt.

Abb. 17 zeigt die modernste Ausführungsform, die für vier im Laufe der nächsten Fünfjahrpläne vorgesehene Generatoren zur Anwendung kommen soll. Der rostlose, schwach konisch nach oben erweiterte Generator hat Birnenform. Der lichte Durchmesser beträgt an der weitesten Stelle 9 m, die Höhe 22 m. Die Gase, die den Generator mit ca. 800° C verlassen, passieren zuerst einen Grobstaubabscheider, dessen Staub in den Generator zurückfällt, dann einen Feinstaubabscheider, der erstmalig verwendet wird, und schließlich einen Abhitzekessel.

Die Entfernung von Feinstaub aus den Gasen wird die Erosion im Abhitzekessel wesentlich vermindern und voraussichtlich eine höhere Belastung als 60000 m³/h je Generator, wie bisher, erlauben.

Der Abhitzekessel hat insofern eine Weiterentwicklung erfahren, als in ihm nicht nur 45 at-Dampf, sondern zusätzlich überhitzter Fremddampf von 2,5 atü und 600° erzeugt wird, der dem Generator zwecks Einsparung von Vergasungssauerstoff zugeführt wird.

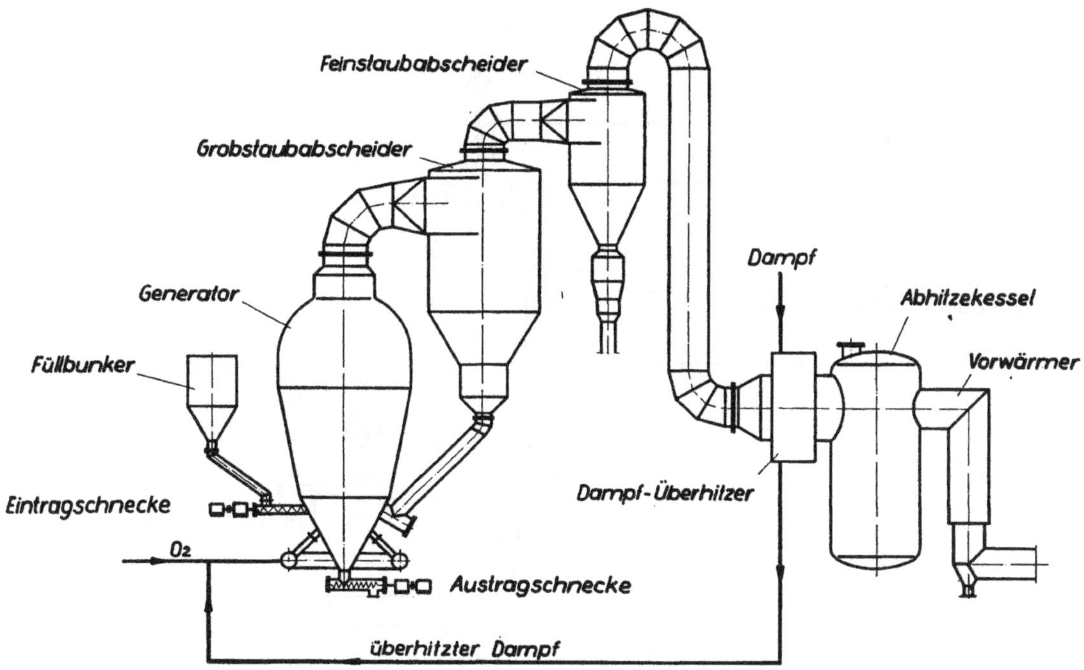

Abb. 17. Winkler-Wirbelschichtgenerator

Außerdem laufen z. Z. Versuche, um die unten aus dem Generator ausgetragene Asche, die noch einen hohen Kohlenstoffgehalt hat, in einer Schmelzkammerfeuerung bei ca. 1500° zu verbrennen und mit den heißen Rauchgasen gleichfalls Vergasungsdampf durch direkte Mischung aufzuheizen (Abb. 18).

Falls die Versuche positiv verlaufen, wird das Verfahren bei den neuen Generatoren eingeführt werden.

Der WINKLER-Generator mit 60000—80000 Nm³/h Leistung ist der typische Apparat großer Leistung, wie ihn die chemische Großindustrie benötigt, um hohe Arbeitsproduktivität zu erreichen.

2.7 Schwingungsmesser

Die Überwachung eines großen chemischen Betriebes bedingt auch die laufende Kontrolle von Schwingungen an Gebäuden, Maschinen und Apparaten. So werden z. B. in gewissen Zeitabständen die Schwingungen von Betonschornsteinen gemessen, und aus Unregelmäßig-

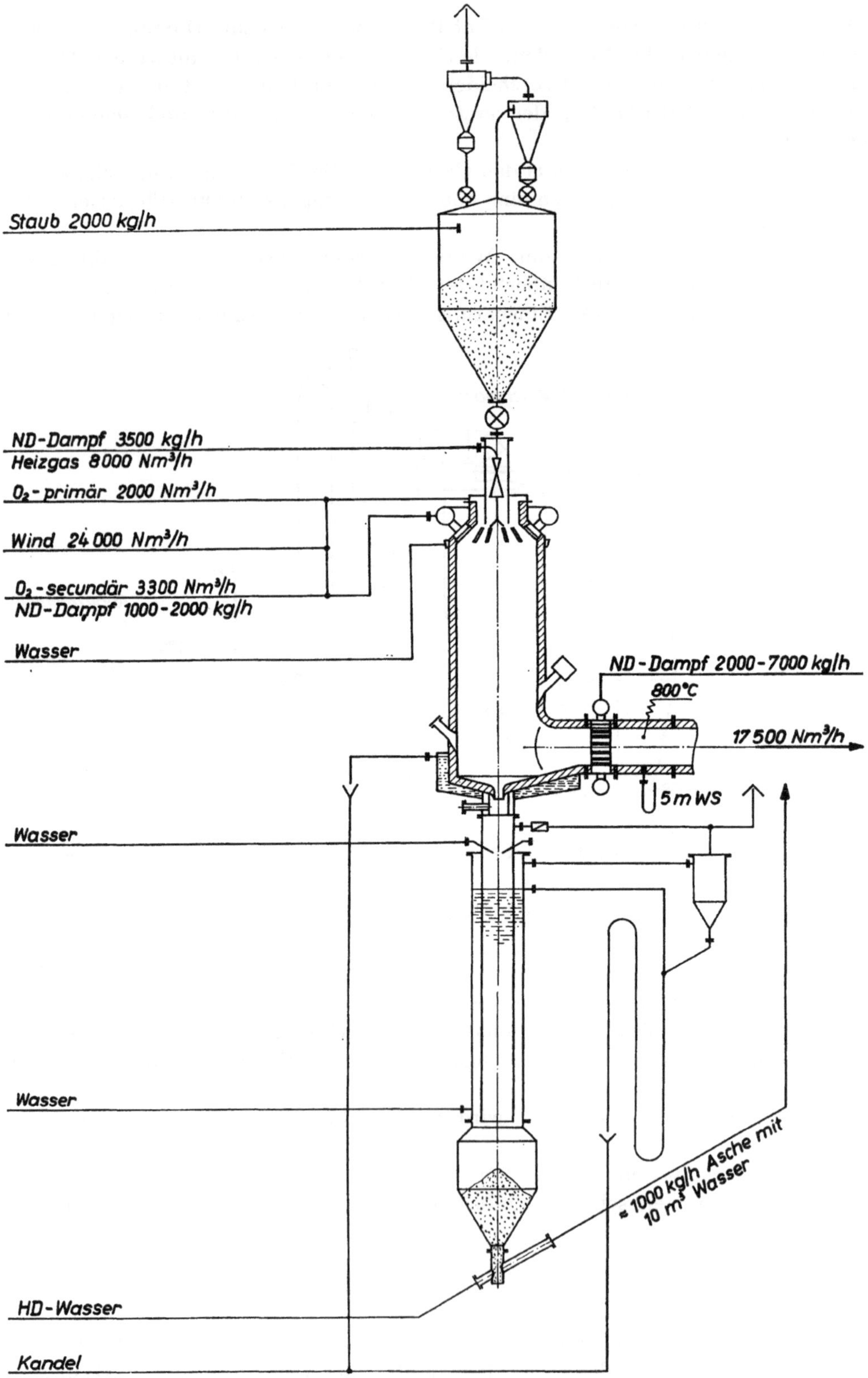

Abb. 18. Schmelzkammer für Winkler-Generator-Asche

keiten des Schwingungsvorganges kann man auf Fehler und Schäden an der Schornsteinröhre schließen und dieselben dann beseitigen. Ebenso werden laufend Gebäudeschwingungen bezüglich Amplitude und Frequenz verfolgt, die durch die großen hin- und hergehenden Massen von Gaskompressoren ausgelöst sind.

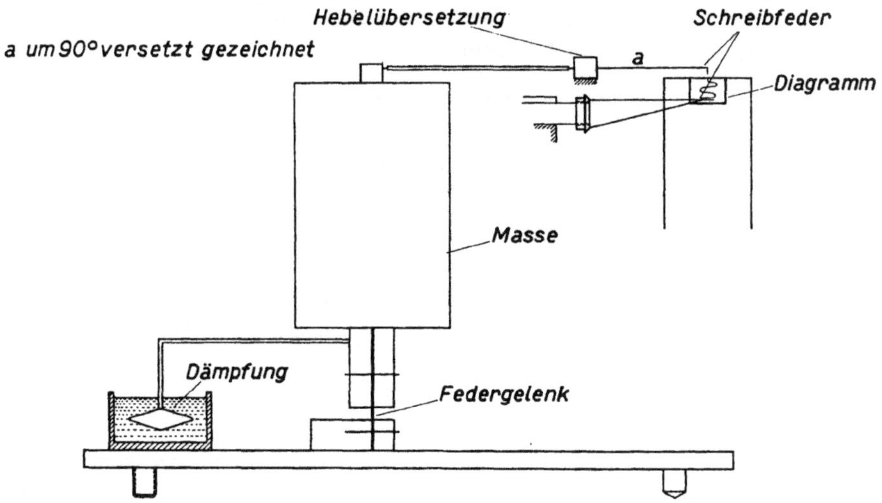

Abb. 19. Horizontalschwingungsmesser, Schema

Ein weiteres Anwendungsgebiet ist die Kontrolle der Schwingungen von Maschinen mit rotierenden und hin- und hergehenden Massen, wie z. B. Dampfturbogeneratoren, Turbogebläsen und Turbokompressoren, Dampfmaschinen, Umlaufpumpen und auch Kugelmühlen.

Der Zeitpunkt, zu dem das Schleifen der Laufringe von Kugelmühlen vorgenommen werden muß, wird eindeutig durch die maximal zulässigen und mit dem Schwingungsmesser festgestellten Ausschläge ermittelt. Der Horizontalschwingungsmesser (Abbildung 19 und Abbildung 20) ist als Verkehrtpendel ausgeführt. Auf der Grundplatte ruht über einem Federgelenk die Masse, deren scheinbare Bewegung gegen die Grundplatte über eine Hebelübersetzung und Schreibfeder auf einen Streifen übertragen wird. Die Anordnung als Verkehrtpendel erlaubt je nach Federstärke weitgehende Variation der Eigenfrequenz.

Abb. 20. Horizontalschwingungsmesser, Ansicht

Die Bewegungsdifferenz zwischen Masse und Grundplatte ist abhängig von Eigenfrequenz, Störfrequenz, Dämpfung und Masse, und zwar

$$\text{Amplitude der Masse} = \text{Störamplitude} \cdot \frac{\text{Quadrat d. Störfrequenz}}{\text{Quadrat d. Eigenfrequenz minus Quadrat d. Störfrequenz}} \cdot \text{const.}$$

$$x = a \cdot \frac{\omega^2}{\frac{a}{m} - \omega^2} \cos\varphi \cdot \sin(\omega \cdot t - \varphi)$$

dabei bedeuten:

x = vom Schwingungsmesser aufgezeichnete Amplitude
a = an der Meßstelle auftretende Schwingungsamplitude
ω = Kreisfrequenz der Störschwingung
a = Federkonstante } des Schwingungsmessers
m = Masse } des Schwingungsmessers
$\sqrt{\frac{a}{m}}$ = Eigenkreisfrequenz des Schwingungsmessers
φ = Phasenwinkel zwischen Eigen- und Störschwingung

Neben dem Horizontalschwingungsmesser werden noch Vertikalschwingungsmesser benutzt, wobei die Masse durch eine Schraubenfeder und ein Federgelenk in der Schwebe gehalten wird.

Zur Zeit sind im Leunawerk insgesamt 23 Schwingungsmesser eingesetzt.

2.8 Ultrarotabsorptionsschreiber (Uras)

Zur laufenden gasanalytischen Überwachung von Produktionsprozessen, aber auch zum Nachweis giftiger und explosiver Gase wurde von LEHRER und LUFT bei der Badischen Anilin- und Sodafabrik ein Ultrarotabsorptionsschreiber entwickelt.

Da in der Nachkriegszeit derartige Geräte für den Aufbau neuer chemischer Verfahren dringend benötigt wurden, der Bezug aus Westdeutschland aber nicht möglich war, wurde der Bau einzelner Apparate in Leuna aufgenommen. Eine Prinzipzeichnung des Gerätes zeigt Abb. 21.

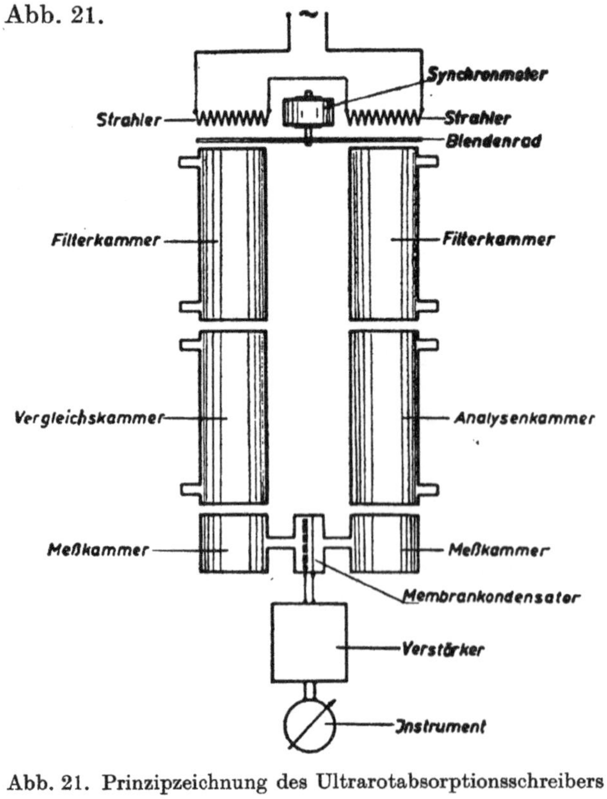

Abb. 21. Prinzipzeichnung des Ultrarotabsorptionsschreibers

Abb. 22. Ansicht des Ultrarotabsorptionsschreibers

Zwei elektrisch beheizte Strahler werden auf Rotglut erwärmt und senden infrarote Strahlen aus. Das eine Strahlenbündel passiert die Vergleichskammer, in der sich ein Gas befindet, das die infrarote Strahlung nicht absorbiert (z. B. Stickstoff), und das andere Bündel die Analysenkammer, welche das zu untersuchende Gas enthält. Falls das zu analysierende Gas Bestandteile hat, die infrarote Strahlen absorbieren, dann besitzen die austretenden Strahlen Intensitätsunterschiede. Der Grad der Schwächung ist proportional der Konzentration des absorbierenden Bestandteils. Die aus oben beschriebenen Kammern austretenden Strahlen gelangen in zwei Meßkammern, die mit derjenigen Gasart gefüllt sind, auf die das Gerät spezifisch empfindlich sein soll. Das in den Meßkammern befindliche Gas absorbiert aus den beiden Strahlenbündeln die für das Gas spezifischen Wellenlängen. Dabei erfährt es eine Ausdehnung bzw. Drucksteigerung. Sind in Vergleichskammer und Analysenkammer verschieden große Anteile der Strahlungsenergie zurückgehalten worden, dann tritt eine unterschiedliche Druckerhöhung in den zwei Meßkammern ein. Die Druckdifferenz bewirkt die Lageänderung und damit eine Kapazitätsänderung einer zwischen beiden Meßkammern angeordneten Membran gegenüber einer fest angeordneten Gegenplatte. Zwischen den Strahlern und den Filterkammern befindet sich ein rotierendes Blendenrad, das die beiden Strahlengänge immer gleichzeitig unterbricht.

Die Membran hat gegenüber der Gegenplatte eine konstante elektrische Spannung. Die periodische Änderung der Kapazität bedeutet die Überlagerung einer Wechselspannung, die nach Verstärkung und Gleichrichtung von einem direkt in Prozenten geeichten elektrischen Meßinstrument angezeigt wird.

Eine vorgesetzte Filterkammer kann unter Umständen dazu dienen, schwer trennbare Gasarten noch meßtechnisch zu erfassen.

Abb. 22 zeigt das zusammengebaute Gerät mit Verstärker.

2.9 Druckregler

In Ermangelung geeigneter Regler wurden in Leuna die pneumatischen Regler weiter entwickelt, die sich durch große Zuverlässigkeit und Einfachheit auszeichnen. Sie sind als Temperatur-, Druck-, Mengen- und Standregler geeignet.

Abb. 23 zeigt zunächst das Stellglied des Druckreglers in Form eines pneumatisch gesteuerten Ventils (Doppelsitzventil mit entlastetem Sitz), das den Druck in der Produktleitung, und zwar hinter dem Ventil in vorliegendem Beispiel, auf einen konstanten Wert halten soll (links oben). Mit zwei dünnen Leitungen (z. B. 5 × 8 mm) ist das Stellglied mit dem Steuerwerk (Steuerkasten rechts) verbunden. Dieser enthält das Meßwerk, beim Druckregler ein Manometer (Sicherheitsfeder-Manometer nach Leuna-Ausführung), ein parallel geschaltetes Manometer als Anzeigeinstrument, den Sollwertversteller, die Anordnung Prallplatte-Düse mit vorgeschalteter Kapillare, ein Steuerschütz als pneumatischer Verstärker, die zwei Manometer für Zuluft und Steuerluft und unter dem Kasten die Anschlußelemente, die den pneumatischen Steuerkasten mit dem Druckluftnetz des Werkes verbinden, bestehend aus einem Wasserabscheider, einem Filter und einem unmittelbaren Regler (Dosenregler), der den schwankenden Netzdruck von 2—6 atü auf 1 atü Steuer-Luftdruck reduziert.

Das Sicherheits-Feder-Manometer von geeignet hoher Empfindlichkeit wirkt auf den Kraftschalter, der bei pneumatischen Steuerungen als Düse-Prallplatte-Anordnung ausgebildet ist. Dieses Verfahren entspricht dem allbekannten Solex-Verfahren. Prinzip dieses Verfahrens:

Ein Luftstrom wird nacheinander durch eine Drosselstelle (Kapillare) und durch eine Ausströmdüse geleitet. Änderungen des Ausströmquerschnittes z. B. durch Nähern oder Entfernen einer der Düse gegenübergestellten sogenannten Prallplatte bewirken Änderungen des Druckes vor der Düse. Das Verfahren ist für Messungen des Abstandes Düse—Prallplatte außerordentlich empfindlich und wird in der Meßtechnik bis zu Änderungen von 10^{-4} mm verwendet. Nach diesem Prinzip werden also geringste Änderungen am Ausschlag des Manometers erfaßt. Geringste Abweichungen des Sicherheitsfeder-Manometers vom eingestellten Sollwerk werden in pneumatische Druckänderungen umgewandelt, mit Hilfe des Steuerschützes verstärkt und über die eingezeichnete Steuerleitung dem

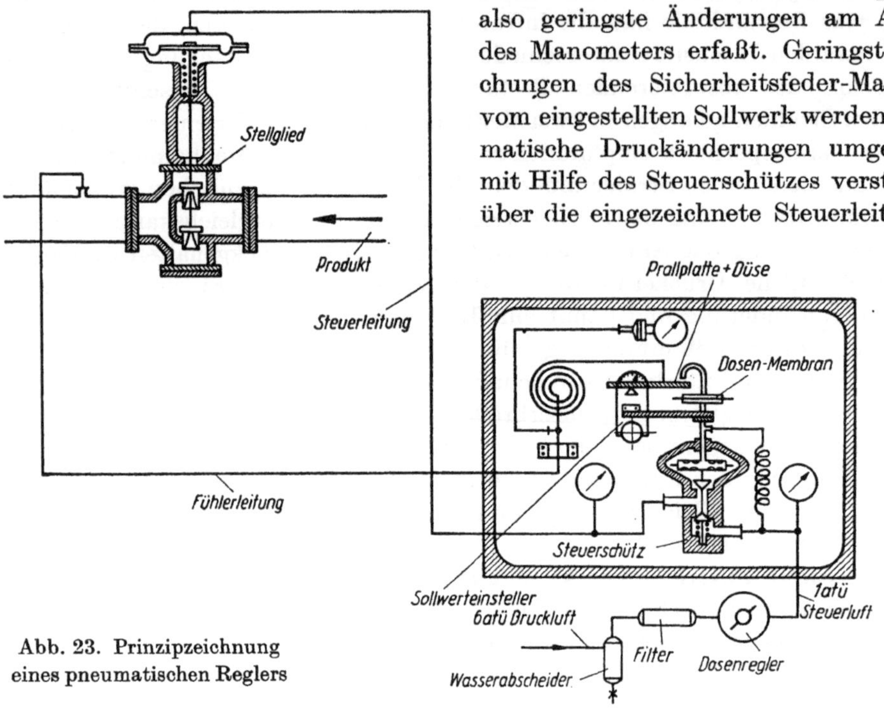

Abb. 23. Prinzipzeichnung eines pneumatischen Reglers

Stellmotor des Stellgliedes zugeführt. Der Stellmotor befindet sich in Form einer Membran mit gegengeschalteter Feder am Kopf des Stellgliedes. Er verstellt die Ventilspindel und damit den Ventilsitz (Abb. 24).

Abb. 24. Pneumatischer Regler, Ansicht

Der Regler ist infolge der Gegenschaltung der Feder am Stellmotor als Proportionalregler gekennzeichnet. Seine Verwendung in der chemischen Industrie ist außerordentlich vielseitig, von mm WS bis zu den höchsten Drücken von einigen hundert Atmosphären.

2.10 Registrierender Rotamesser

Die Mengenmessung nach dem bekannten Rotamesserprinzip hat sich insbesondere für Flüssigkeiten bei Mengen von wenigen m³/h als sehr praktisch erwiesen. Für laufenden Betrieb ist natürlich eine Registrierung der Anzeige sehr erwünscht. Dies wird in sehr einfacher Weise dadurch erreicht, daß die Stellung des Schwimmers magnetisch abgetastet wird (Abb. 25). Der rotierende Schwimmer trägt in seinem Inneren einen Magneten. Ein Weicheisenbügel umfaßt von außen in geeigneter Weise das Rotamesserrohr. Dieser den magnetischen Schluß bildende Bügel bildet den Teil eines Waagebalkens. Am Ausschlag der Waage erkennt man damit die Lage des Schwimmers im Rohr. Das System ist nun so gebaut, daß das Schneidenlager des Waagebalkens dem

Schwimmer so lange nachgeführt wird, bis der Waagebalken in der Normallage steht. Die Abweichung von der Normallage wird als Wegänderung auf ein System Düse – Prallplatte (siehe Beschreibung Druckregler) übertragen. Kleinste Abweichungen von der Nullage der Waage werden damit pneumatisch erfaßt. Mit Hilfe des angezeichneten pneumatischen Stellmotors wird also der Unterstützungspunkt des Waagebalkens auf oder ab bewegt, bis der Ausschlag der Waage wieder zu Null geworden ist. Das System wird daher auf weniger als 1 mm genau der Schwimmerstellung nachgefahren. Diese Art der Nachführung ist übrigens Gegenstand einer Patentanmeldung. Im Prinzip handelt es sich um eine Folgeregelung. Die Steuerdruckänderungen sind bei einem Ausschlag der Waage von der Normallage so gerichtet, daß die Einwirkung auf den gezeichneten Balg das Lager der Waage hebt oder senkt im Sinne, daß der Ausschlag wieder zu Null wird. Falls der Schwimmer einmal ausreißt, so daß die magnetische Kupplung nicht mehr vorhanden ist, fährt das System mit einer gewissen Geschwindigkeit in die Endlage, wo es durch einen Hebel in die Gegenbewegung umgeschwenkt wird, so daß der Bügel den Schwimmer wieder einfängt.

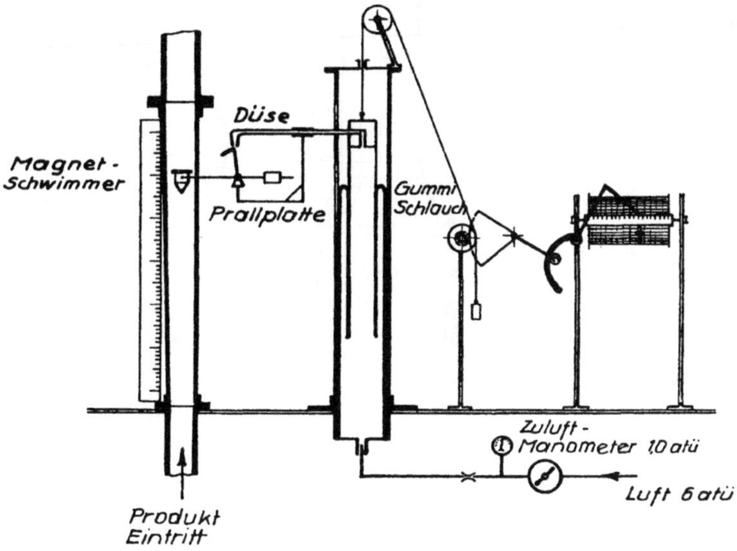

Abb. 25. Registrierender Rotamesser

Der Weg, den der Unterstützungspunkt des Waagebalkens zurücklegt, wird über Rollen auf einen Tintenschreiber übertragen und die durchgehende Menge registriert.

In Kombination mit dem unter 2.9 beschriebenen Steuerwerk kann die Durchflußmenge geregelt werden.

3 Instandhaltungstechnik

Die Konstruktion und der Bau einer Maschine stellen einen Geburtsakt dar, der geistig-schöpferische Leistungen in sich birgt. Eine Maschine soll aber ein längeres Leben haben und im Laufe dieses Lebens ein möglichst großes Arbeitspensum bewältigen. Sie ist bei dem Arbeitsablauf einer mechanischen Abnutzung unterworfen, und außerdem stellen sich durch verdeckte Materialfehler, durch Konstruktionsfehler, unsachgemäße Bedienung, Korrosionen und unbeabsichtigte Überbeanspruchungen Schäden ein, die in kürzester Zeit zwecks Vermeidung von Produktionsausfällen beseitigt werden müssen.

Bei kleinen Maschinen ist die Wiederherstellung von beschädigten oder verschlissenen Teilen verhältnismäßig leicht und schnell möglich, vorausgesetzt, daß die entsprechenden Reserveteile auf Lager gehalten werden. Für große Maschinen, insbesondere Kolbenmaschinen, wurde speziell in den Leuna-Werken eine Instandhaltungstechnik entwickelt, bei der mindestens ebenso große geistig-schöpferische Leistungen gezeitigt wurden wie beim Bau und bei der Konstruktion neuer Maschinen. Diese Instandhaltungstechnik hat uns einerseits große volkswirtschaftliche Werte erhalten und andererseits Bearbeitungsmaschinen und Vorrichtun-

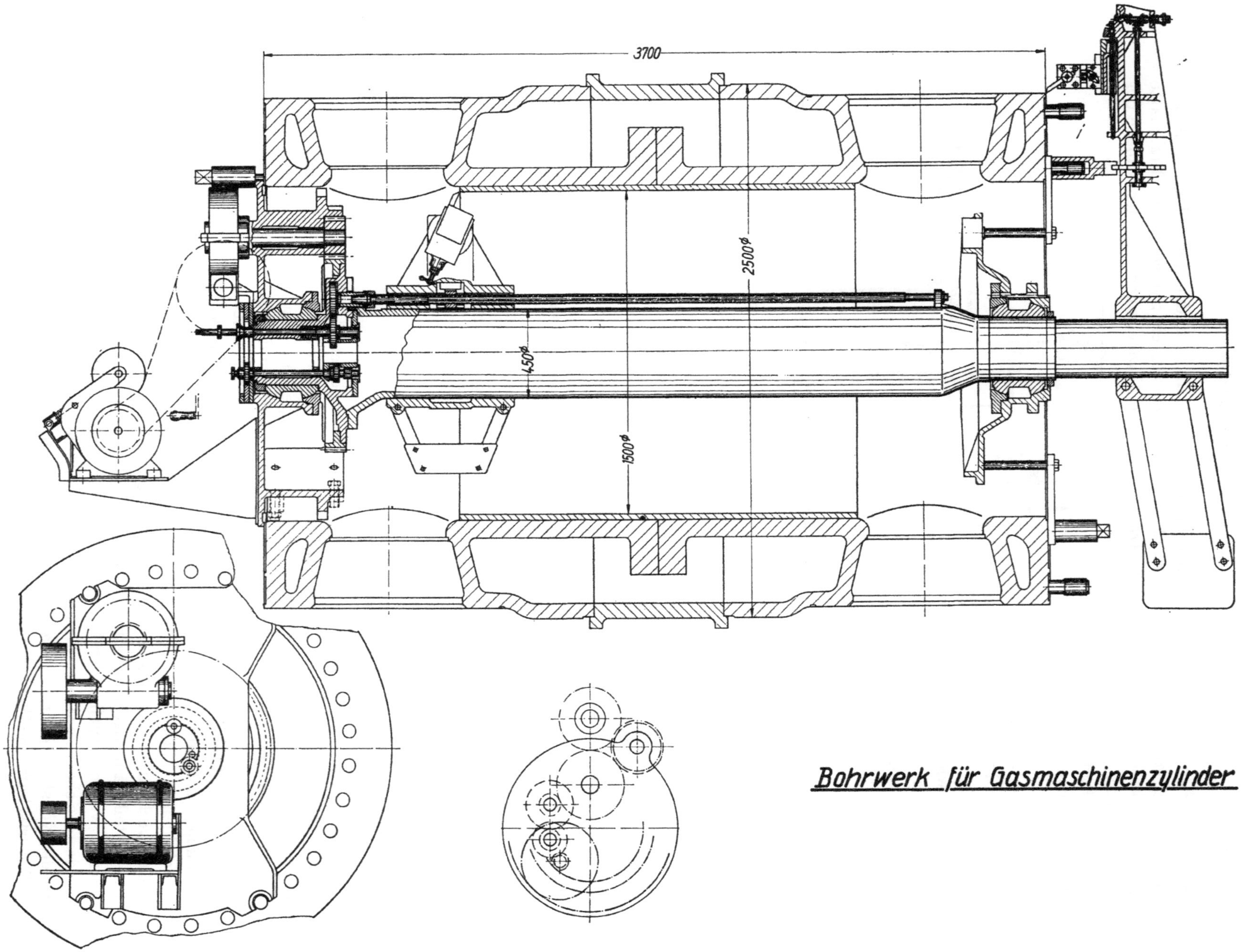

Abb. 26. Bohrgerät zum Ausbohren von Zylindern, Schnitt

gen geschaffen, die wert sind, im allgemeinen Maschinenbau bekannt zu werden. Außerdem stellt diese Technik eine ausgezeichnete Schulung für den Maschineningenieur dar, da er bei der Beurteilung, welche Beanspruchung er einem beschädigten Maschinenteil noch zumuten kann, eingehende theoretische und praktische Untersuchungen anstellen muß.

Die Instandhaltungstechnik ist stark durch die Kriegsschäden befruchtet worden. Ähnlich wie die Chirurgie in Kriegszeiten ein außerordentlich großes Betätigungsfeld hat und durch die Vielzahl und Vielseitigkeit der Verletzungen neue Operationsmethoden und Verfahren entwickelt, hat auch der Reparaturingenieur in diesen und der Nachkriegszeit bei der Heilung von Maschinenschäden außerordentlich viel gelernt. Als einen Triumph der Schweißtechnik kann man diese Wiederherstellungsperiode bezeichnen.

3.1 Bohrgerät zum Ausbohren von Zylindern und Kreuzkopfgleitbahnen an horizontalen Kolbenmaschinen

Eine kräftige, gußeiserne Hohlspindel trägt auf der einen Seite die Antriebsvorrichtung (Abb. 26) für die Dreh- und axiale Transportbewegung.

Auf der anderen Seite befindet sich der Lagerzapfen für das Traglager, das in einem aufsetzbaren und verschiebbaren Schild befestigt wird. Die axiale Bewegung erfolgt durch eine Spindel, die in einer in der Hohlspindel angebrachten Nut eingelagert ist. An dieser Spindel greift die Transportmutter für den Supportträger an, der mit einer sorgfältig gelagerten Nabe auf der Bohrspindel geführt wird. Auf dem einen Arm des Support-

Abb. 27. Bohrgerät zum Ausbohren von Zylindern

Abb. 28. Bohrgerät beim Bearbeiten einer Gasmaschine

Abb. 29. Bohrgerät beim Abstechen eines Flansches

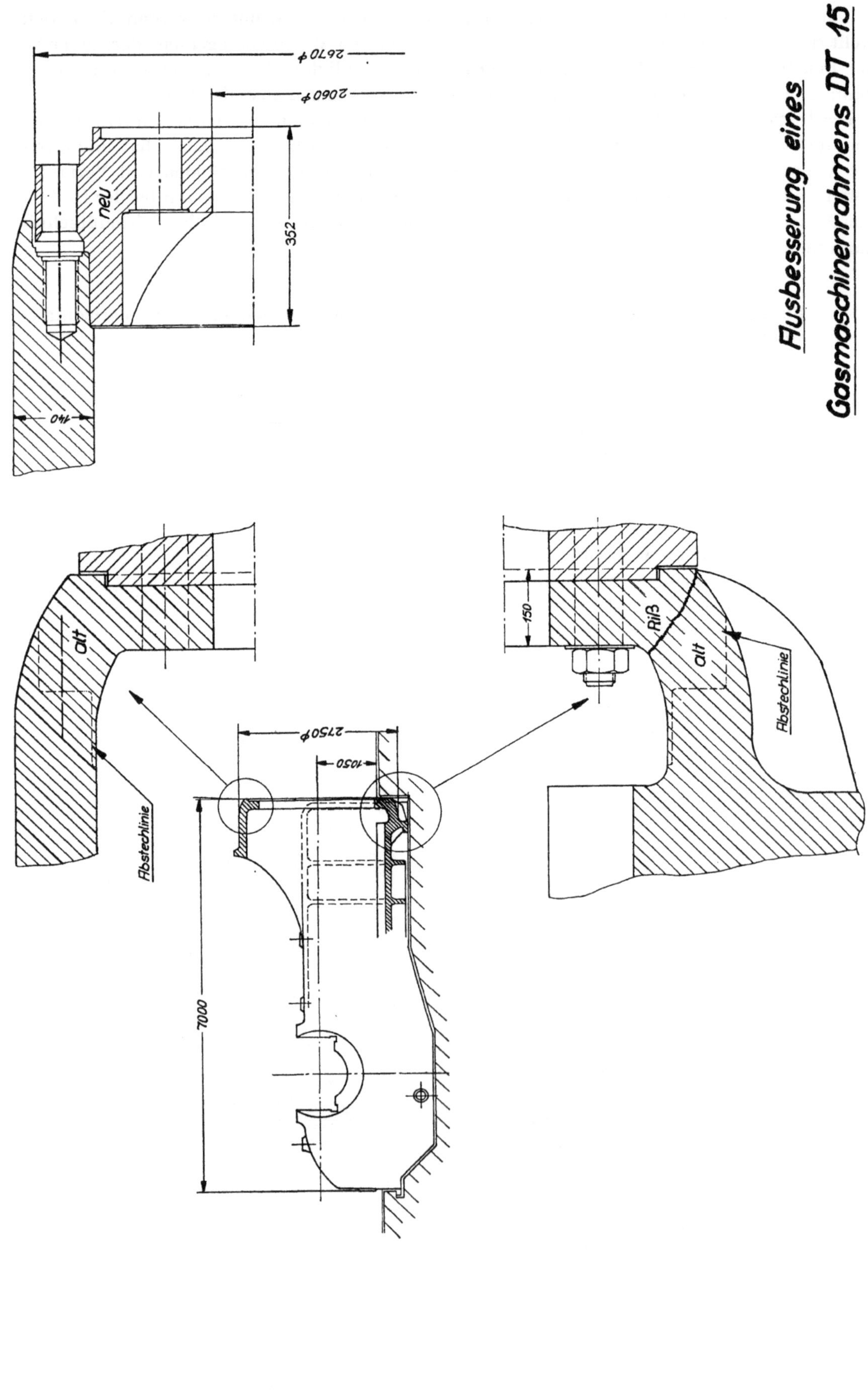

Abb. 30. Ersatz eines gerissenen Flansches durch einen Stahlgußflansch

trägers befindet sich der Support, auf dem anderen das Gegengewicht. Das Gegengewicht kann aber auch durch einen zweiten Support ersetzt werden (Abb. 27).

Die axiale Verschiebung erfolgt automatisch über ein Planetenstirnradsystem oder durch Hand. In letzterem Fall wird die automatische Antriebsvorrichtung ausgeschaltet. Mit einer Handverstellung kann eine schnelle Einstellung des Supportträgers erfolgen. Die eigentliche Drehbewegung des Supportträgers geschieht über Schnecke, Schneckenrad und Stirnradpaar, wodurch die gesamte Bohrspindel gedreht wird. Der Antriebskopf ist an einem Schild befestigt.

Die Vorrichtung kann mit Hilfe der beiden Schilde an den auszudrehenden Zylindern, Geradführungen usw. befestigt werden. Zur Erleichterung des Zentrierens sind an den Schilden radiale Verstell- bzw. Feststellschrauben vorgesehen.

Abb. 28 zeigt das Gerät bei der Bearbeitung eines Gasmaschinenzylinders und Abb. 29 beim Herausstechen des angebrochenen Flansches eines Gasmaschinenrahmens, der durch einen neuen Stahlgußflansch ersetzt wird (Abb. 30).

3.2 Kolbenmutterausstechvorrichtung

Die großen Muttern von Gasmaschinenkolben brennen durch die heißen Gase im Gewinde fest, so daß die Muttern nicht mehr gelöst werden können. Das Herausstechen muß dann auf einer Drehbank erfolgen. Da die Kolben einen Durchmesser von 1500 mm und die Stangen 380 mm Durchmesser haben und 7 m lang sind, kann die Arbeit nur auf einer großen, schweren Drehbank ausgeführt werden.

Da diese Drehbänke einen außerordentlichen Engpaß darstellen und für die Bearbeitung hochwertiger Erzeugnisse eingesetzt werden müssen, wurde eine Vorrichtung konstruiert, um das Ausstechen ohne Benutzung einer Drehbank auszuführen.

An einer sehr sorgfältig geführten Buchse ist vorn der fünfzackige Kronenbohrer befestigt, der an den äußeren Spitzen die entsprechend geformten Stähle trägt (Abb. 31).

Abb. 31. Kolbenmutterausstechvorrichtung

Die Stähle sind so bemessen, daß der eine Stahl als Spitzstahl schneidet, d. h. die Führung übernimmt und in der Mitte der Nut den Anschnitt ausführt. Die nachfolgenden Stähle sind rechts und links etwas breiter gehalten, so daß sie die Nut nach innen und außen so weit verbreitern, bis die volle Breite von 20 mm erreicht ist. Die Schneidstähle werden mit Hilfe einer Zahnradpumpe durch Bohremulsion bespült, wodurch die Kühlung und gleichzeitig das Herausschwemmen der Späne erfolgt. Der Antrieb erfolgt von einem Motor aus über Keilriemen, Schnecke und Schneckenrad (Abb. 32).

Das Schneckenrad ist verschiebbar auf der Hauptführungsbuchse angeordnet. Die Hauptführungsbuchse trägt am hinteren Ende ein Gewinde, welches in einer Patronenmutter geführt wird, damit bei jeder Umdrehung der Buchse der entsprechende Vorschub automatisch erfolgt.

Die Vorrichtung arbeitet sehr genau, so daß mit einer Toleranz von etwa 0,20 mm die Hohlräume an den Gewindespitzen angeschnitten werden. Nach dem Herausarbeiten der tiefen Ringnut durch den Kronenbohrer kann der äußere Mutterring aus dem Kolben entfernt und der in den Gewindegängen der Stange zurückgebliebene Gewindeteil herausgewickelt werden. Zentriert wird die Vorrichtung auf dem zylindrischen Ansatz der Kolbenmutter. Die Festklemmung und die Verspannung erfolgt mit Hilfe eines sehr stabilen dreiarmigen Sternes in den Kolbenringnuten.

Durch Anbringung von Zwischenlagen bzw. Zwischenbuchsen kann die Vorrichtung außer für Kolben von 1500 mm ∅ auch für solche von 1350 mm ∅ verwendet werden.

Abb. 32. Kolbenmutterausstechvorrichtung

3.3 Transportable Hobelmaschine

Zum Abhobeln von einbetonierten Gleitplatten für die Zylinderfüße der Gasmaschinen-, Dampfmaschinen- und Kompressorenzylinder und der Fußflächen selbst, die infolge der sehr kleinen rhythmischen Bewegung zu Reibkorrosionen neigen und dadurch vernarben, wurde eine transportable Hobelmaschine gebaut, deren Support an der unteren Bankbettfläche geführt wird. Diese Vorrichtung hat sich auch sehr gut für die Bearbeitung der Gleitbahnen der ausfahrbaren Schabotten bzw. Amboßträger bei den schweren Schmiedepressen, beim Aufsprengen von großen eingeschrumpften Zylinderlaufbuchsen oder bei ähnlichen Arbeiten bewährt (Abb. 33).

Abb. 33. Transportable Hobelmaschine

3.4 Gerät zum Bohren und Gewindeschneiden großer Sacklöcher

Zum Bohren und Gewindeschneiden der Stiftschraubenlöcher der 18—20 t schweren Gasmaschinenzylinderhälften wurde die in Abb. 34 dargestellte Vorrichtung konstruiert. Damit die Arbeit von zwei Seiten in Angriff genommen werden kann, wurden die beiden Vorrichtungen auf einen U-eisen-Rahmen montiert, der in einem zentrisch gelagerten Zapfen geführt wird. Der Zapfen ist auf einem 4armigen Stern angebracht, der zentrisch in die

Zylinderkopfbohrung eingespannt wird. Dadurch wird die Vorrichtung in der Seelenachse der Zylinderbohrung geführt. Die zu bohrenden Sacklöcher werden vorher mit einer Schablone angezeichnet.

Mit den Vorrichtungen können die Gewindelöcher von etwa 70 mm Kerndurchmesser 80 mm tief gebohrt, im Grunde hinterstochen (für freien Austritt des Gewindestahles) und anschließend die Gewinde geschnitten werden. Die Vorrichtung arbeitet mit einem entsprechend der Schnittgeschwindigkeit zulässigen Arbeitsvorschub und einem Rücktransport von etwa doppelter Geschwindigkeit. Um einen zu tiefen Vorschub der Arbeitsspindel zu vermeiden, ist eine selbsttätige Ausschaltung, die einstellbar ist, eingebaut mit einem Kupplungselement. Bei Handverstellung kann von der Kupplung das Kupplungsrad außer Eingriff gebracht werden. Zum Hinterstechen der gebohrten Sacklöcher ist am unteren Teil der Arbeitsspindel ein kleiner Support angebracht, mit dem radiale Verstellungen ausgeführt werden können.

Der Antrieb erfolgt über Differentialgetriebe durch kleine Elektromotore.

Es arbeiten gleichzeitig zwei Mann, die sich beim Bohren und Schneiden der Sacklöcher gegenüberstehen.

Abb. 34. Gerät zum Bohren und Gewindeschneiden großer Sacklöcher

3.5 Reparatur der Geradführung eines 1000-PS-Kompressorrahmens

Durch einen Dauerbruch am Schubstangenkopf eines Hochdruckkompressors für 250 at Enddruck wurde der obere vom Kreuzkopfdruck belastete Teil der Geradführung eines Gabelrahmens zerstört. Die auf den oberen Teil der Geradführung des Rahmens wirkenden senkrechten Kräfte betragen etwa 12 t.

Der obere Teil der Geradführung des Gabelrahmens wurde durch Einbau eines Teiles, das aus Blechen zusammengeschweißt wurde, wieder hergestellt (Abb. 35).

Für die Montage wurde der beschädigte Rahmen mit Hilfe einer Bohrspindel an der Verzahnungsstelle zwischen Rahmen und Ersatzteil abgedreht. Dann wurde mit Hilfe von zwei Zentriringen das teilweise vorgearbeitete Ersatzstück angebaut. Die Kräfte werden durch eine Flanschverbindung übergeleitet, die durch eine kombinierte Schrumpf- und Schraubenverbindung mit dem Rahmenunterteil verbunden ist.

Zuletzt wurde die Kreuzkopfgleitbahn in der Geradführung mit einer Bohrspindel nachgedreht. Es hat sich nicht nach-

Abb. 35. Durch Schweißkonstruktion reparierter Gabelrahmen

teilig ausgewirkt, daß die Geradführung zum Teil aus Gußeisen und zum Teil aus Schmiedeeisen besteht, da der gußeiserne Kreuzkopfschuh mit einer Weißmetallauflage versehen wurde.

3.6 Reparatur eines 1000-PS-Kompressorgabelrahmens durch Schweißen

Bei einem Gabelrahmen war das innere Hauptlager und ein Teil der Kurbelwanne so zerstört, daß eine Reparatur mit Behelfsmitteln nicht durchgeführt werden konnte. Es wurde deshalb das Modell des Hauptlagers mit dem dazugehörigen Rahmen- und Kurbelwannenteil angefertigt. Das Ersatzteil wurde gegossen und in dem alten Seitenbalkenrest durch einen Paßansatz geführt (Abb. 36). Damit ein guter Übergang der Anschlußstellen gesichert war, wurde das Modell nach Schablonen hergestellt, die nach dem alten Rahmenteil angefertigt waren. Das phosphor- und schwefelarme Gußeisen für das Ersatzstück wurde von der Gießerei so chargiert, daß es bei der elektrischen Warmschweißung gute Fließeigenschaften hatte. Die Reparatur wurde durch elektrische Warmschweißung durchgeführt, nachdem das unbearbeitete Ersatzstück mit Hilfe von U-Eisen an den alten Rahmen sorgfältig angepaßt und zur Anwärmung eingemauert worden war.

Abb. 36. Kompressorgabelrahmen mit Ersatzlager

Abb. 37. Kompressorgabelrahmen zur Schweißung vorbereitet

Abb. 38.
Kompressorgabelrahmen fertiggestellt

Die Schweißung wurde in 2 Phasen durchgeführt, und zwar wurden zuerst die untere waagerechte Naht und die beiden senkrechten Außennähte geschweißt. Nach einer langsamen Vorwärmung auf 620° C wurde mit der Schweißung begonnen. In der Nähe der Schweißstelle stieg die Temperatur auf 750° C an. Die

Temperatur wurde mit Thermoelementen überwacht. Nachdem das Stück langsam abgekühlt war, wurde der Rahmen um 90° gedreht (Abb. 37), wieder eingemauert und erneut auf 620° C vorgewärmt. In gleicher Weise, wie vorher beschrieben, wurden dann die restlichen Nähte warm geschweißt. Den fertiggestellten Rahmen zeigt Abb. 38.

3.7 Instandsetzung von Schwungrädern

Da zunächst an eine Neuherstellung von kriegsbeschädigten Schwungrädern nicht gedacht werden konnte, mußten Wege zu ihrer Reparatur gesucht werden. Die bei maximaler Drehzahl auftretenden Kräfte werden der Rechnung zugrunde gelegt und eine 1,5fache Vorspannung gewählt. Die gußeiserne Speiche des Polrades von 6000 mm Durchmesser des 3000-KW-Synchron-Sattelmotors eines Großkompressors war dicht an der Nabe gerissen (Abb. 39).
An der Bruchstelle, die einen fast rechteckigen Querschnitt hatte, wurden rechts und links Verstärkungslaschen unter Vorspannung eingesetzt. Die eine Lasche wurde mit dickem Fuß ausgeführt, der an der Nabe befestigt wurde. Die anderen Enden erhielten zur Übertragung der Kräfte Nasen oder eingelegte Federn, die in verschiedener Höhe angeordnet wurden, um die Speiche nicht zu sehr zu schwächen. Die Dicke der Laschen wurde so gewählt, daß sich beide Laschen im Betrieb gleichmäßig dehnen, d. h. daß trotz der verschiedenen Laschenlängen gleiche Dehnungslängen erreicht wurden. Die Vorspannungen wurden mit dem Dehnungsmesser gemessen. Das Schwungrad mit angeflanschtem Polrad hat bei 125 U/min. eine Fliehkraft von 2743 t zu übertragen. Die Speiche hat rund 80 t bzw. 120 kg/cm² zu übernehmen.

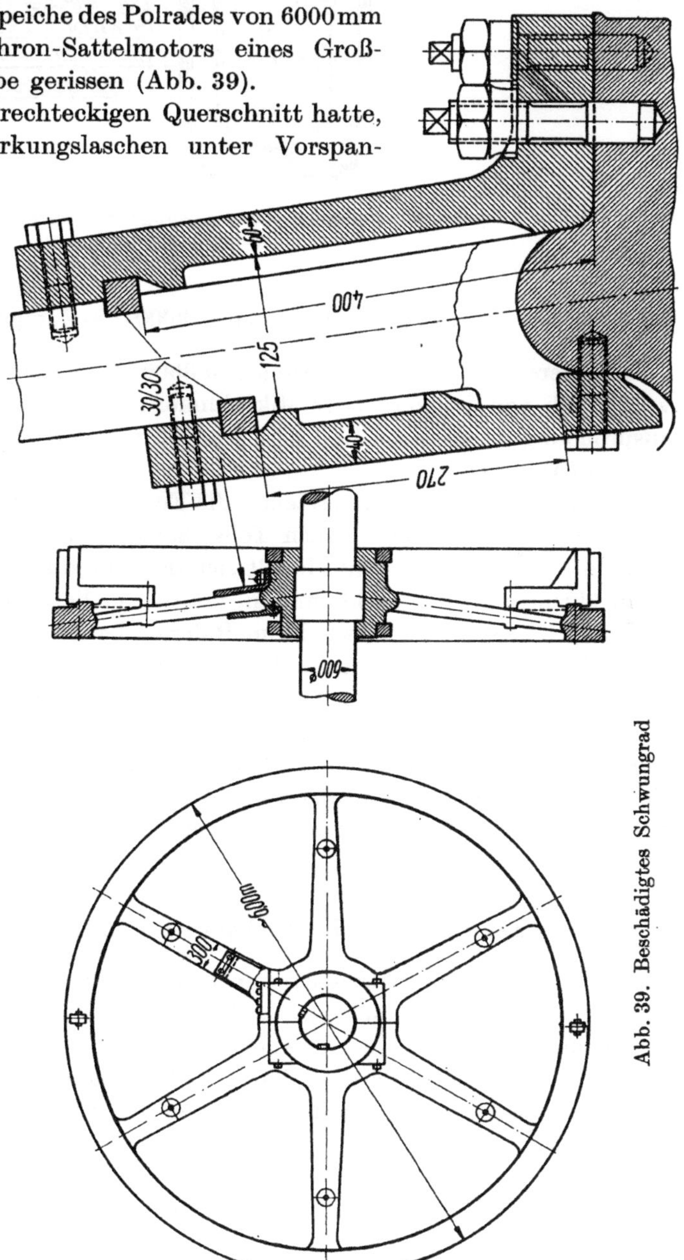

Abb. 39. Beschädigtes Schwungrad

Bei Schwungrädern für 1200 PS Dampfmaschinen mit 25 t Gewicht und 110 U/min. mit elliptischem Querschnitt (Abb. 40) wurde zur Abstützung eine Art Manschette durchgebildet, welche die Schrumpfspannungen bei gleichzeitiger Führung der Speichenenden übernehmen konnte.

Auch die noch schwierigere Flickung von gerissenen Schwungradkränzen wurde durchgeführt.

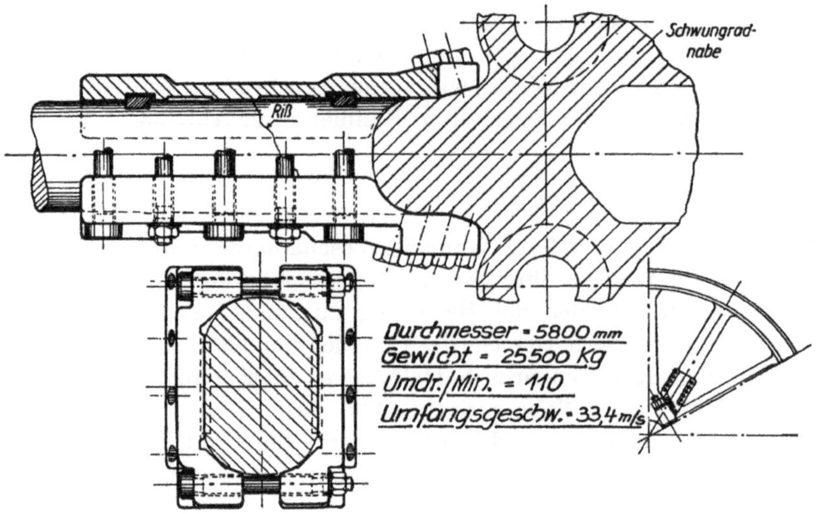

Abb. 40. Reparatur des Schwungrades einer 1200-PS-Dampfmaschine

3.8 Reparatur der Gradführung eines 3000-PS-Kompressors

Im unteren Teil der Gradführung von 3000-PS-Kompressoren treten Dauerbrüche auf, die, vermutlich von Lunkern oder Mikrolunkern ausgehend, sich infolge der pulsierenden Beanspruchung durch einen Teil der Gradführung fortpflanzen, bevor sie festgestellt werden können (Abb. 41).

Die Beschaffung eines Ersatzteiles, die Entfernung des beschädigten Teils vom Fundament und das Anpassen des neuen Teils hätte einen entsprechenden langen Ausfall der Maschine zu Folge. Man entschließt sich deshalb, durch Einbau von 2 Zugankern unter der Gradführung den Riß zu klammern, um die im Betrieb auftretenden Kräfte aufzunehmen. Die Zuganker sind mit Gewinde im Rahmen befestigt und ersetzen sowohl die Schraubenverbindung zwischen Rahmen und Gradführung als auch diejenige zwischen Gradführung und Laterne. Das Bohren und Gewindeschneiden, wobei auch durch den Beton des Fundamentes gebohrt werden muß, erfolgt nach Abbau der Laterne, aber ohne daß Rahmen und Gradführung vom Fundament entfernt werden müssen, mit Widiastahl. Im Fenster der Gradführung ist ein weiterer Zuganker zur Aufnahme der Kräfte angeordnet, der jedoch bei Ausbau des Kreuzkopfes jeweils entfernt werden muß.

3.9 Reparatur einer Höchstdruckkesseltrommel durch Schweißung

An einer Höchstdruckkesseltrommel für 180 at Betriebsdruck wurden, bei einer Wasserdruckprobe von einem dichtgeschweißten Speisestutzen ausgehend, Risse festgestellt. Nach Festlegung der Rißenden wurde eine Scheibe von etwa 400 mm ∅ herausgestochen (Abb. 42).

Wie die folgende Tabelle zeigt, hatte der Trommelwerkstoff im Kohlenstoffgehalt wesentliche Abweichungen von dem der Bestellung zugrunde liegenden TH 61 B.

TH 61B	C	Si	Mn	P	S	Ni	Cu
Soll	0,22—0,26	0,35—0,45	0,75—1,0	—	—	0,60—0,80	0,8—1,0
Ist	0,36	0,30	0,81	0,04	0,028	0,78	0,93

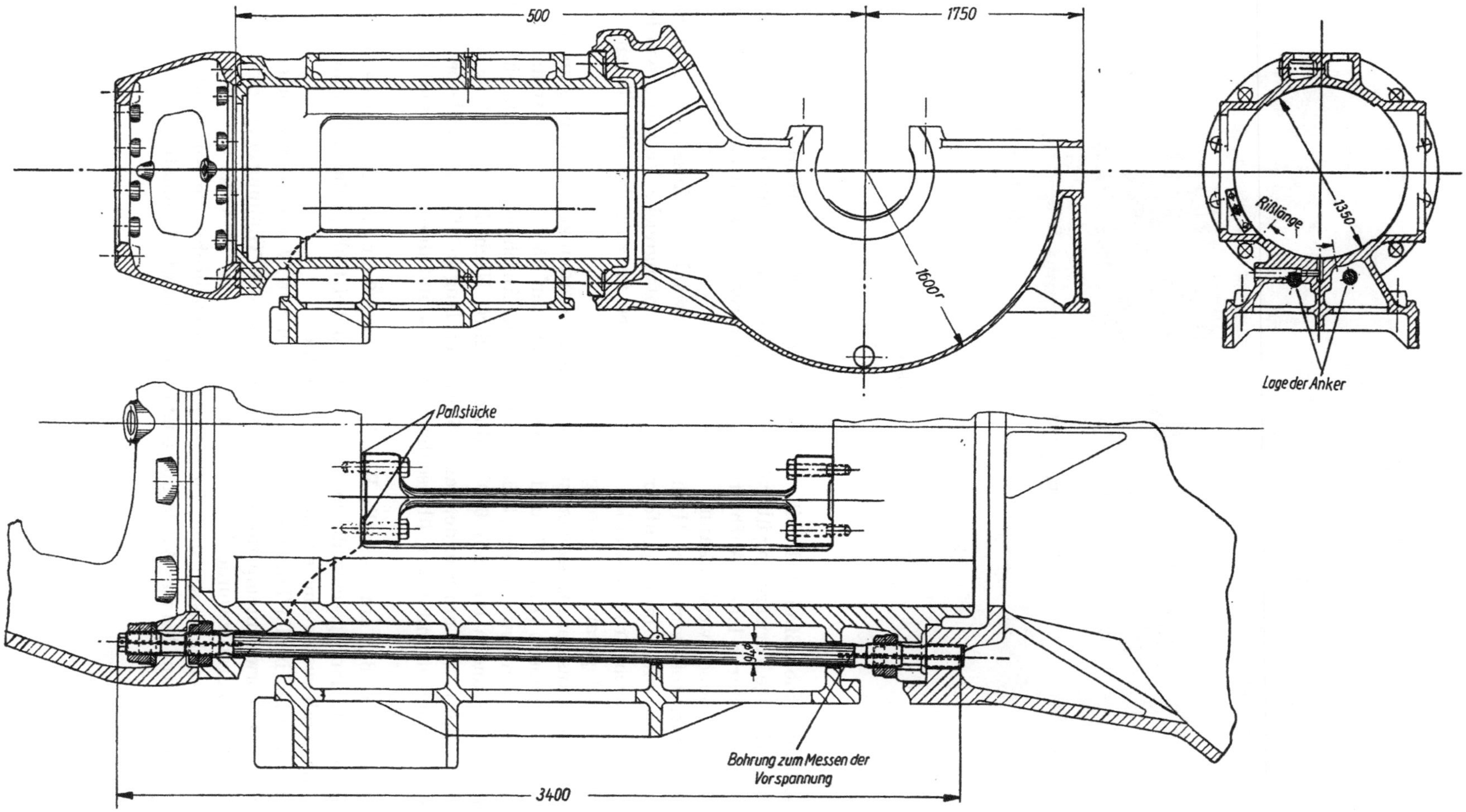

Abb. 41. Reparatur einer gerissenen Gradführung

Abb. 43. Glühofen für Kesseltrommel

Abb. 42 (links).
Kesseltrommel für 180 atü mit ausgebohrten Rissen

Um überhaupt eine rißfreie Schweiße bei diesem Werkstoff zu ermöglichen, ist eine außerordentlich sorgfältige Vorwärmung über 450° C beim Schweißen anzuwenden, aber auch dann erfolgt noch eine starke lokale Aufhärtung, die nur durch ein nachträgliches Glühen über Ac 3 wieder aufgehoben werden kann.

Als Flickenwerkstoff wurde der Hydrierstahl N5A gewählt, als Zusatzwerkstoff FK 335. Die Schweißnaht wurde in Tulpenform ausgeführt. Umfangreiche Versuche wurden vorgenommen, um durch Probeschweißen die Bedingungen festzustellen, die für eine sichere Durchführung der Reparatur notwendig waren.

Da die Trommel aus dem Kesselgerüst nicht entfernt werden konnte, wurde um die Trommel ein Glühofen gebaut (Abb. 43) und in 44 Stunden auf 550° C aufgeheizt und zunächst eine Schweißnaht von etwa 40 mm Stärke eingebracht. Anschließend wurde eine Entspannungsglühung 4 Stunden lang auf 680° C durchgeführt. Nach der Abkühlung, die in den ersten 10 Stunden je 5° C pro Stunde, dann 15 Stunden lang je 10° pro Stunde betrug, wurde die Schweißung innen und außen überschliffen, poliert und durch Ätzen und Röntgen die Rißfreiheit festgestellt.

Beim Fertigschweißen auf die volle Wandstärke von 80 mm wurde zunächst wieder auf 550° C aufgeheizt, dann geschweißt und anschließend bei 680° geglüht. Die anschließende Rißkontrolle ergab wieder eine einwandfreie Schweiße.

Weiterhin wurden in die Trommel 326 Rohrstutzen mit 57 und 70 mm äußerem Durchmesser bei 350° C Vorwärmtemperatur mit nachfolgenden 620° Glühung eingeschweißt. Durch die erfolgreiche Reparatur wurde die Beschaffung einer neuen Trommel von 8,5 m Länge und 750 mm lichtem Durchmesser und der schwierig durchzuführende Aus- und Einbau eingespart. Die Reparatur bis zur Wiederinbetriebnahme dauerte 8 Monate.

4 Versuchs- und Forschungsarbeiten

Der chemischen Industrie steht durch die große Anzahl von Maschinen gleichen Typs und der Häufigkeit von Schadensfällen ein außerordentlich umfangreiches Material zur Verfügung. Dies zwingt allein schon aus wirtschaftlichen Gründen zu einer eingehenden und wissenschaftlichen Untersuchung der einzelnen Schadensfälle mit dem Ziel, durch konstruktive oder Materialänderungen die Schäden in Zukunft zu vermeiden. Auch in Leuna hat man sich schon frühzeitig mit einer Reihe von Materialproblemen auseinandergesetzt, die in der übrigen Industrie zu diesem Zeitpunkt keine oder keine wesentliche Rolle gespielt haben.

4.1 Rißbildung an Gasmaschinenzylindern

In den Jahren 1935 bis 1945 traten folgenschwere Rißbildungen und Brüche an den gußeisernen Zylindern von Gasmaschinen auf. Es handelte sich fast durchweg um Aggregate, welche aus den Jahren 1926/27 stammten. Die Lage der Rißstellen zeigt Abb. 44.

Es ist erkennbar, daß sich die Risse an den Stellen bilden, welche die höchsten Eigenspannungen haben und wo infolgedessen die höchsten Beanspruchungen auftreten. Um festzustellen, welchen Einfluß die Zusammensetzung des Gußeisens auf die Haltbarkeit der Zylinder hat, wurden die zerstörten Zylinder eingehend analysiert (Abb. 45).

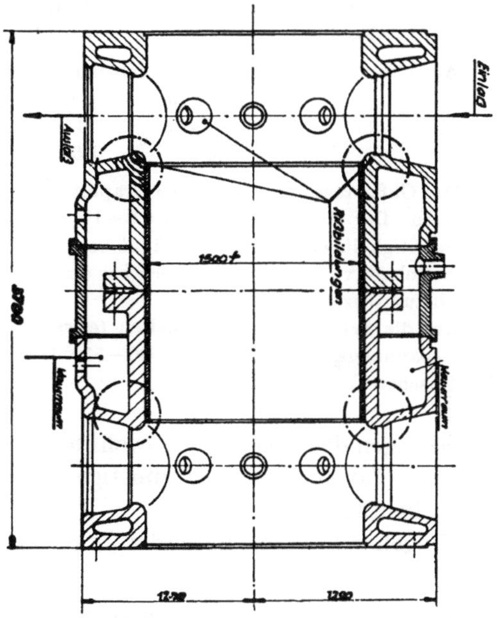

Abb. 44. Rißbildung an Gasmaschinenzylindern

Aus den Gefügebildern, den Analysenwerten und den Laufzeiten kristallisierte sich eindeutig heraus, daß ein perlitisches Gefüge die Voraussetzung für ein zufriedenstellendes Verhalten im Betrieb ist. Es wurde weiterhin erkannt, daß außer einem ausreichenden Silizium- und Kohlenstoffgehalt unbedingt ein Mangangehalt von 0,8—1,0% notwendig ist, um das gewünschte Gefüge zu erzielen.

Nachdem an den Zylindern Probestäbe entnommen und die in den Zylindern herrschenden Eigenspannungen gemessen worden waren, wurde überlegt, was zu tun sei, um die außerordentlich hohen Eigenspannungen zu verringern. Der Ersatz des Gußeisens durch Stahlguß bzw. die Herstellung der Zylinder in Schweißkonstruktion führte in der DDR nicht zu befriedigenden Ergebnissen.

Es wurden daraufhin gußeiserne Ringe als Versuchsstücke gegossen und die Veränderung der Eigenspannungen und das Wachsen des Gußeisens bei verschiedenen Temperaturen untersucht. Man stellte zunächst fest, daß Zylinder aus perlitischem, spannungsfrei geglühtem Gußeisen die beste Haltbarkeit zeigen, und daß nur so lange geglüht werden darf, als nicht Spannungen durch das Wachsen des Gußeisens entstehen. Die besten Ergebnisse wurden erzielt, wenn in 3 Tagen auf 550° aufgeheizt und 10—15 Stunden diese Temperatur gehalten und in 3 Tagen wieder abgekühlt wurde.

Weitere Untersuchungen zeigten jedoch, daß bei Glühungen in nicht oxydierender Atmosphäre ein Wachsen des Gußeisens vermieden wird und daß Mangan die Wirkung hat, das

Umdrehungen, Analysen und Festigkeitswerte der untersuchten Gasmaschinenzylinder

Bezeichnung	Kennzeichen	Umdrehung Mill.	Lieferjahr	C ges.	C frei	C geb.	Si	Mn	P	S	Cr	Mi	Me	Ti	Va	Zerreißfestigkeit kg/mm²	Biegefestigkeit kg/mm²	Durchbiegung mm	Härte HB
Zylinderkopf DT 15	Kopf Nr.																		
	27	353	1927	3,04	2,08	0,95	1,00	0,99	0,380	0,120	Sp.	0,08	—	Sp.	0,08	21,1	45,0	18,8	163
	108	92	1942	3,02	2,00	1,02	0,80	0,89	0,55	0,17	0,07	0,08	—	0,06	0,08	24,9	48,2	12,9	179
	117	—	1951	3,35	1,97	1,38	1,26	0,99	0,23	0,22	0,07	0,08	—	0,03	0,07				160
	58	403	1928	2,39	1,55	0,84	1,28	0,86	0,13	0,08	Sp.	0,03	—	Sp.	0,06	23,7	43,4	22,7	174
	104	91	1941	2,37	1,72	0,65	1,32	0,48	0,48	0,115	0,05	0,08	—	Sp.	0,06	23,2	44,4	25,6	187
	80	447	1928	3,26	1,84	1,42	0,95	0,86	0,21	0,15	Sp.	0,08	—	Sp.	0,09	—	—	—	184

Zusammenfassung

1) Analyse von in Betrieb befindlichen Zylindern mit guten Haltbarkeitseigenschaften

C ges. + Si	C ges.	C frei	Si	Mn	P	S
3,5/4,0	2,4/3,0	1,6/2,0	1,0/1,3	0,8/1,0	≦ 0,25	< 0,10

2) Auf Grund der Versuche anzustrebende Analyse:

Summe C ges. + Si = 3,7 bis 4,0

C ges.	C frei	Si	Mn	P	S
2,4/3,0	1,6/2,0	1,0/1,3	0,9/1,0	< 0,25	< 0,10

Das Gußgefüge muß eine feine Graphitausbildung in einem feinen kurzlamellaren perlitischen Grundgefüge besitzen. Der Mangangehalt von 0,8—1% begünstigt die Wachstumbeständigkeit und ergibt gute Zug- und Biegefestigkeitswerte bzw. beeinflußt bei einer Schmelzüberhitzung eine feine Graphit- und Perlitausbildung Nickelgehalt von 1—3% wirkt sich bei den geringen Si-Gehalten auf die Wandstärkenunempfindlichkeit und Wachstumsbeständigkeit aus.

Um die bei höheren Mn-Gehalten (etwa 1%) auftretenden größeren Eigenspannungen auszugleichen, ist eine spannungsfreie Glühung bei 500—550° C vorteilhaft. Dabei treten kaum Veränderungen im kurzlamellaren perlitischen Grundgefüge auf.

Eindringen des Sauerstoffs sowohl bei der Glühung als auch im Betrieb stark zu hemmen. Auf letztere Tatsache ist das günstige Verhalten des mit 1% Mangan legierten Zylindergusses zurückzuführen.

Eingehende Versuche sind z. Z. noch im Gange.

4.2 Interkristalline Brüchigkeit, Spannungskorrosion

Die Zerstörung unserer Kesselanlage durch Laugensprödigkeit machte es nötig, nach Mitteln und Wegen zu suchen, um solche Zerstörungen künftig unmöglich zu machen. Dazu gehörte zunächst die Entwicklung von Untersuchungsmethoden, um die Anfänge der Zerstörungserscheinungen zu entdecken und ihre Weiterentwicklung laufend zu verfolgen, um entscheiden zu können, wann ein Kessel aus Sicherheitsgründen aus dem Betrieb genommen werden muß. So entstand die Nietlochuntersuchung. Nach dem Zustand der Nietlöcher wurde die Betriebssicherheit beurteilt.

In der weiteren Bearbeitung dieses Zerstörungsproblemes wurde bereits durch uns der Begriff der Laugensprödigkeit ersetzt durch selektive Korrosion, und es wurde das Gesetz gefunden, daß allgemeine Korrosion und interkristalline Korrosion sich gegenseitig ausschließen. Es wurde weiter gefunden, daß sowohl der Kesselbaustoff als auch der angreifende Elektrolyt (Kesselwasser) bestimmte Voraussetzungen erfüllen müssen, um solche Schäden entstehen zu lassen. Das Material muß plastische Verformungen und elastische Spannungen enthalten. Bei dieser Voraussetzung spielt der Zustand des Kesselbaustoffes eine große Rolle. In der Regel besitzt das Material innere Spannungen, die sehr häufig mit kleinen plastischen Verformungen verbunden sind. Dieser Zustand muß durch eine sehr sorgfältige Glühbehandlung und eine, wie wir sie nannten, spannungsfreie Abkühlung beseitigt werden. Damals gab es noch keine IZ-Qualität.

Diese Erkenntnis hatte über die Kesselanlage hinaus eine weittragende Bedeutung. Wir waren gezwungen, uns eine eigene große Glüherei zu bauen, weil es damals nicht möglich war, alle Werkstücke in dem einwandfreien Glühzustand zu bekommen, wie es für unsere Zwecke erforderlich war.

Zu diesen Bedingungen, die der einfache Baustoff C 12 bis C 18 erfüllen muß, um interkristalline Brüche entstehen zu lassen, muß auch der Elektrolyt eine Bedingung erfüllen, er muß nämlich nach Temperatur oder Konzentration am Ende eines passiven Gebietes stehen, das gerade in ein allgemein korrodierendes Gebiet übergehen will, d. h. er darf nicht mehr vollkommen passivierend sein.

Nachdem das Problem so weit bearbeitet worden war, daß unsere Anlage wieder gefahren werden konnte, haben wir keine weiteren Versuche mehr gemacht. Im großen Kreis, zusammen mit den Eisenhüttenleuten, wird an der vollen Lösung noch heute gearbeitet.

Wir besaßen die erste Großapparatur aus V2A, die noch mitten in der Entwicklungszeit des austenitischen Stahles gebaut wurde. Wir lernten die Schwächen dieses Stahles von Grund auf kennen. Auch hier galt es betrieblich brauchbar von unbrauchbar zu unterscheiden. Das geschah mit der Klangprobe. Die Schäden an dieser ersten Großapparatur gaben den letzten Anstoß, daß sich die Forschungsanstalten der Stahlwerke im größten Maßstab mit dem Problem der interkristallinen Korrosion von austenitischen Stählen beschäftigten. Große Fortschritte sind erzielt worden. Eine volle Lösung und eine Beantwortung aller Fragen stehen noch aus.

4.3 Korrosionsermüdung

Das Problem der Korrosionsermüdung wurde für uns hoch aktuell, als die wassergekühlten Kolbenstangen der Großgasmaschinen plötzlich brachen. Der Begriff der Korrosionsermüdung war an sich bekannt. Keineswegs lagen aber Versuche vor, die dieser Erscheinung eine Auswirkung auf den praktischen Betrieb in solchem Umfang zugeschrieben hätten, wie wir sie an unseren Gasmaschinen erlebt haben. Es galt in möglichst kurzer Zeit folgendes zu klären:

a) Welche Stangen sind bereits so weit gefährdet, daß die Maschinen angehalten werden müssen? Das geschah durch Untersuchungen der Querbohrungen an den Stangen für die Wasserzufuhr und -abfuhr und durch axiale Sicherheitsbohrungen, aus denen Wasser austreten konnte, wenn der Bruch etwa 50% des Stangenquerschnittes erfaßt hatte.

b) Wie muß unser Wasser behandelt werden, um die Entstehung solcher Brüche künftig zu vermeiden?
Dies geschah durch Schwingungsbeanspruchung des Kolbenstangenmaterials im Kühlwasser. Zu diesem Zweck bauten wir uns 12 elektrisch angeregte Schwingungsapparate, die mit 50 Perioden in der Sekunde arbeiteten. Auf diese Weise gelang es uns sehr schnell, wirkungsvolle Inhibitoren zu finden, die die Entstehung dieser Korrosionsermüdungsrisse verhinderten.

c) Können die neuen Stangen besser konstruiert werden?
Die neuen Stangen erhielten keine Querbohrungen, sondern das Wasser wurde axial zugeführt.

4.4 Warmfestigkeit

Die chemische Industrie hatte ein Verlangen nach warmfesten Stählen bereits, bevor ein solches in der allgemeinen Technik, z. B. im Kraftwerksbau, auftrat. Wir mußten uns selbst helfen, weil zunächst die benötigten Stahlmengen noch nicht so groß waren, daß die Stahlwerke für dieses Problem interessiert werden konnten. Außerdem wurde von unseren Stählen neben der Warmfestigkeit noch Wasserstoffbeständigkeit verlangt, wofür eventuelle andere Abnehmer gar kein Interesse gehabt hätten.

Wir erkannten sehr bald, daß bei der Prüfung der Eigenschaften dieser Stähle die Messung bisher üblicher Größen und Begriffe keine befriedigende Antwort gab. Auch der damals im Interesse der Stahlerzeuger entstehende Begriff der DVM-Kriechgrenze befriedigte nicht. Wir gingen sehr rasch zu Dauerstandversuchen über, die wir bis zum Bruch ausdehnten. Heute ist der Dauerstandversuch allgemein üblich geworden und liefert die für die Festigkeitsrechnung erforderlichen Unterlagen.

4.5 Dauerbrüche

Die Dauerbrüche spielten bei unseren Kolbenmaschinen eine Zeitlang eine große Rolle. Sieht man zunächst von der pulsierenden Beanspruchung als der unbedingt notwendigen Voraussetzung eines Dauerbruches ab, so waren die Hauptursachen folgende:

1. Nicht richtige Formgebung, nicht sorgfältige Bearbeitung und Montage.
2. Nicht richtige Glühbehandlung.
3. Ermüdung.

Es war nicht immer einfach, die Forderung nach richtiger Formgebung, sorgfältiger Bearbeitung und Montage und die richtige Glühbehandlung gegenüber den Maschinenfabriken durchzusetzen. Die Kenntnis über die Vorgänge bei der Entstehung von Dauerbrüchen war in der ersten Hälfte der zwanziger Jahre noch nicht so weit unter den Ingenieuren verbreitet, daß unsere Anschauungen geglaubt wurden. Es kam noch hinzu, daß die Materialermüdungserscheinungen bei unseren pausenlos laufenden Maschinen eine Häufung von Dauerbrüchen hervorriefen und die obigen Punkte als auslösende Momente stärker in Erscheinung traten als in anderen Betrieben. Es war daher verständlich, daß die Maschinenfabriken zunächst von der Korrektheit ihrer Formgebung und Arbeit überzeugt waren.

Für den einwandfreien Glühzustand und vor allem für die Freiheit von inneren Spannungen mußten wir vielfach in unserer Glüherei selbst sorgen.

Diese von uns durchgeführten Maßnahmen bildeten aber nur die eine Seite der Mittel, die wir zur Bekämpfung der Dauerbrüche angewendet haben. Das wichtigste Mittel war die Beseitigung der pulsierenden Beanspruchung überall dort, wo es ging. Dazu gehörte es, daß alle wichtigen Schrauben an einer Maschine, die pulsierende Kräfte zu übertragen haben, so vorgespannt wurden, daß keine wesentlichen pulsierenden Spannungen mehr entstehen konnten. Alle wichtigen Schrauben werden daher bei uns unter Messung der Spannung angezogen.

Wir haben uns vielfach auch dazu entschlossen, die in Schrumpfkonstruktionen auftretenden Spannungen zu messen und die Veränderung dieser Spannungen während des Betriebes laufend zu verfolgen.

Die großen chemischen Werke besitzen durchweg Versuchslaboratorien, in denen physikalische, verfahrenstechnische Probleme, wie z. B. die Entwicklung neuer Destillations-, Extraktions-, Trockenanlagen, Zerkleinerungsvorrichtungen und Untersuchungen von Stoff- und Wärmeaustauschvorgängen durchgeführt werden. Meist handelt es sich um Forschungsarbeiten, bei denen Stoffe entweder in größerer Menge oder unter hohen Drücken, wie sie in Hochschul- und sonstigen Forschungsstätten nicht zur Verfügung stehen, benötigt werden.

Solche Arbeiten lassen sich oft auch unter Aufsicht und Betreuung durch die Hochschulen mit dem geringsten Aufwand unter Anlehnung an einen technischen Betrieb bewältigen. Welche Probleme im einzelnen bearbeitet werden, hängt natürlich ganz von der Art des betreffenden Betriebes und den bei seiner Modernisierung und bei seinem weiteren Ausbau auftretenden Fragen ab.

Speziell in den Leuna-Werken wurden in den letzten Jahren folgende Untersuchungen durchgeführt:

4.6 Der Wärmeübergang bei der Kondensation von Dämpfen in Anwesenheit nichtkondensierter Gase

Es wurde der Einfluß des Gasgehaltes auf den Wärmeübergang bei der Kondensation von Dämpfen aus Dampfgasgemischen untersucht. Die verwendeten Dämpfe waren Wasserdampf und Isobutylalkoholdampf, die Gase Wasserstoff und Luft bzw. Stickstoff.

Die Messungen ergaben, daß die hohen Wärmeübergangszahlen der reinen Dämpfe schon bei geringen Gasbeimischungen stark absinken. Dieser Effekt ist um so ausgeprägter, je geringer die Strömungsgeschwindigkeit ist, was sich dadurch erklären läßt, daß bei niedrigen Geschwindigkeiten der Transportwiderstand in der Diffusionsgrenzschicht weitaus bedeutender ist als bei hohen Geschwindigkeiten. Bei den Isobutylalkoholdampf-Gas-Gemischen war das Absinken der Wärmeübergangszahlen nicht so ausgeprägt, da die Wärmeübergangszahl des reinen Isobutylalkoholdampfes bei der Kondensation erheblich niedriger liegt als die von Wasserdampf. Weiterhin konnte festgestellt werden, daß es unwesentlich ist, welches Gas dem Dampf beigemischt ist, sondern daß es in erster Linie darauf ankommt, wieviel Gas dem Dampf beigemischt ist.

Mit Hilfe der experimentell ermittelten Wärmeübergangszahlen wurden die auftretenden Diffusionsgrenzschichtdicken berechnet. Die gewonnenen Ergebnisse konnten an Hand einer von DAMKÖHLER entwickelten Gleichung qualitativ erklärt werden.

Schließlich wurde zur Berechnung der auftretenden Wärmeübergangszahlen eine halbempirische Gleichung aufgestellt, die die Versuchsergebnisse befriedigend wiedergibt.

Es ist beabsichtigt, die Versuche, die bei Atmosphärendruck durchgeführt werden, in das Gebiet von höheren Drücken bis 250 atü auszudehnen.

4.7 Dünnschichtverdampfer

Der Dünnschichtverdampfer ist ein Apparat, in welchem empfindliche Produkte infolge kurzer Aufenthaltsdauer und geringer Temperaturdifferenz schonend eingedampft werden können. Die zu verdampfende Flüssigkeit läuft an der Innenfläche eines von außen beheizten zylindrischen Mantels ab und wird durch einen schnellaufenden Rührflügel mit festen oder beweglichen Armen an der Wand in einen dünnen Film verwandelt.

Um die Leistungsfähigkeit des Verdampfers (Abb. 46) zu prüfen, wurden bei 1200—1900 U/min. mit Wasser, Methanol, i-Butanol, Wasser-Methanol-Gemisch und Wasser Versuche durchgeführt. Es ergaben sich folgende Wärmedurchgangszahlen:

für Wasser bei Atmosphärendruck	1830 kcal/m²h°
für Methanol bei Atmosphärendruck	1580 kcal/m²h°
für i-Butanol bei Atmosphärendruck	1300 kcal/m²h°
für Wasser bei 0,133 ata	400 bis 600 kcal/m²h°
für Wasser bei 0,187 ata	950 bis 1100 kcal/m²h°

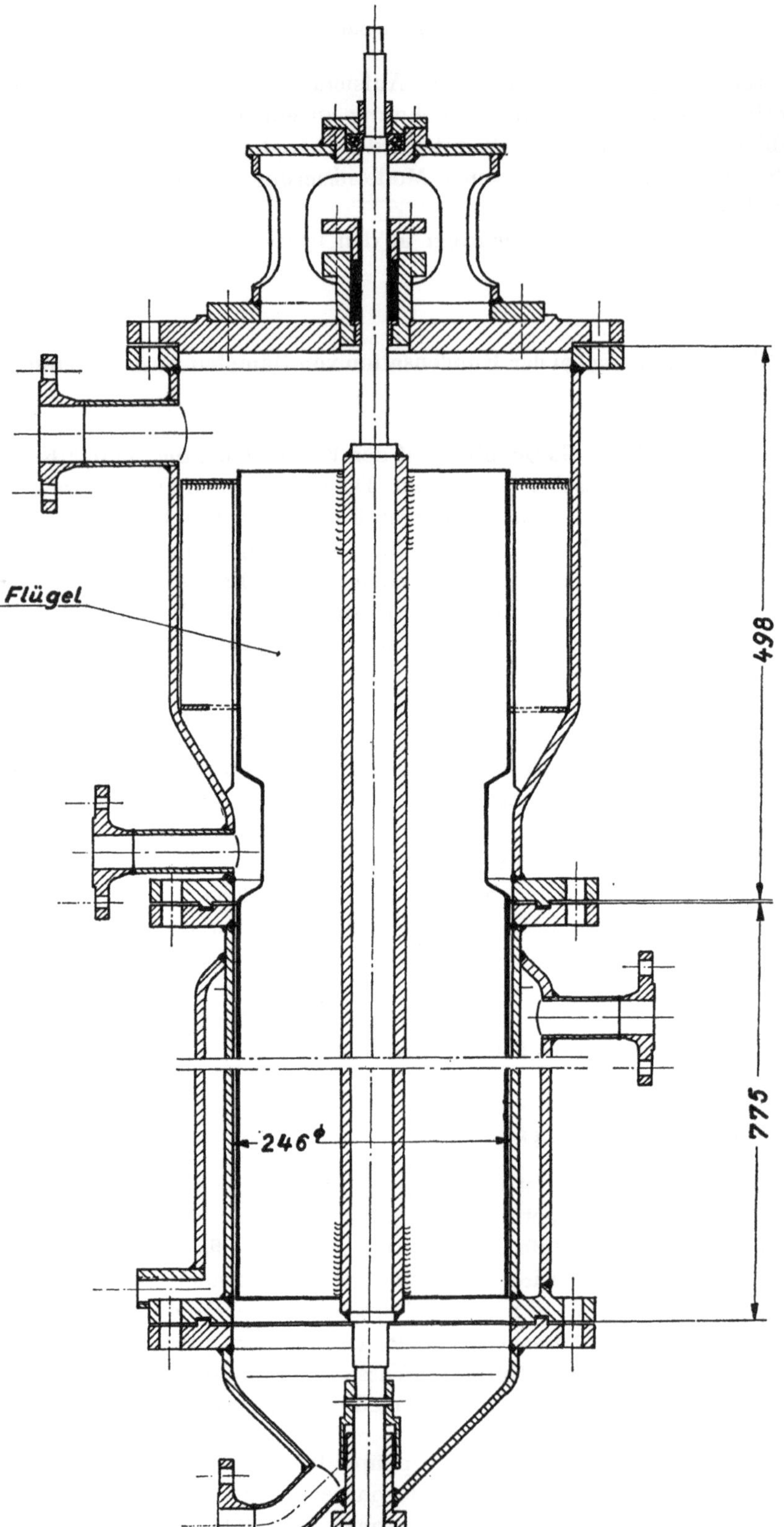

Abb. 46. Dünnschichtverdampfer

Der Verdampfer arbeitet mit einer gewissen Rektifizierwirkung, die bei kleiner Verdampferleistung am größten ist. Leistung und Trennwirkung sind im untersuchten Bereich von $n = 1200$ bis $n = 1900$ U/min. von der Drehzahl unabhängig. Gegenüber 20 m/sec. Umfangsgeschwindigkeit an der Flügelkante ergab sich bei 16 m/sec. noch keine Verschlechterung der Trennwirkung. Die günstigste Betriebsweise liegt demnach bei einer Drehzahl von 1250 U/min. Der Einsatz des Dünnschichtverdampfers lohnt sich nur bei Stoffen, die eine schonende Behandlung fordern.

4.8 Rieselblechkolonne

Die Trennung von Zwei- und Mehrstoffgemischen erfolgte bisher in Füllkörper- oder Bodenkolonnen. Erstere zeigen bei mäßigem Druckverlust befriedigende Trennwirkung, während letztere höheren Druckverlust und im allgemeinen bessere Trennwirkung aufweisen.

Es wurde eine neue Destillationskolonne entwickelt, die eine befriedigende Leistungssteigerung aufweist. Die Flüssigkeit fließt an senkrechten Platten abwärts, der Dampf strömt mit

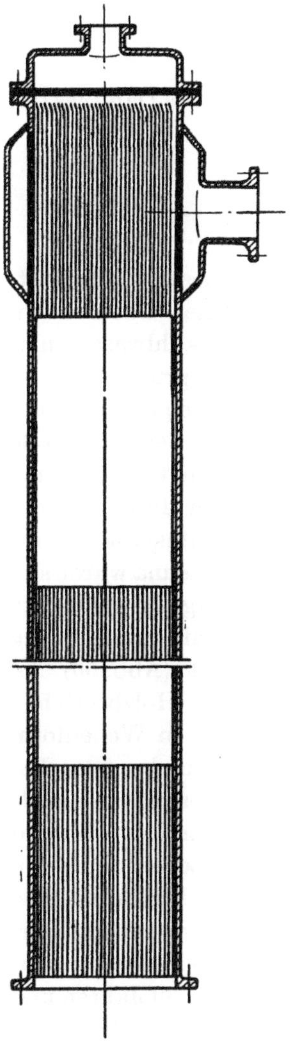

Abb. 47. Rieselblechkolonne

Abb. 48. Einbau Rieselblechkolonne

Abb. 49. Rieselblechkolonne

geringem Druckverlust zwischen den Platten aufwärts und verläßt die Kolonne durch seitliche Stutzen. Am Kopf der Kolonne (Abb. 47) befindet sich eine Siebplatte zur Verteilung der Flüssigkeit in einem Raum, der durch die Dampfströmung nicht gestört wird. Durch hohe Dampfgeschwindigkeit wird hohe Turbulenz und ein entsprechend hoher Stoffaustausch erreicht. Die einzelnen Rieselblechpakete (Abb. 48) werden gegeneinander um 90° versetzt angeordnet.

Betriebsversuche mit einer 25 m hohen Rieselblechkolonne von 400 mm ∅ (Abb. 49) (3. Kolonne von links) ergaben gegenüber einer parallel geschalteten 30 m hohen Glockenbodenkolonne von 2 m ∅ bei der Trennung eines Cyclohexanon-Cyclohexanol-Gemisches die 9fache Leistung je m² Kolonnenquerschnitt bei einem Viertel des Druckverlustes und gleicher Trennwirkung und Ausbeute. Bei geringer Belastung geht der Druckverlust auf wenige Millimeter Hg zurück, was für Vakuumdestillation von besonderer Bedeutung ist.

Die Kolonnenhöhe, die einem theoretischen Boden entspricht, erhält man bei laminarer Dampfströmung aus der Beziehung:

$$h = \frac{17}{35} \cdot \frac{w_m \cdot s_a^2}{D}$$

In dieser Gleichung bedeuten:

w_m = Durchschnittsgeschwindigkeit des Dampfes (m/s)

s_a = Abstand der Flüssigkeitsschicht von der Mittellinie einer Strombahn des Dampfes (m)

D = Diffusionskoeffizient (m^2/s)

4.9 Kühlturmversuche

Die Verschmutzung unserer Flüsse hat ein Maß erreicht, daß es nicht nur erforderlich ist, neu entstehende Industrieanlagen vollständig auf Basis Rückkühlwasser aufzubauen, sondern auch bestehende Anlagen weitgehend von Frischwasser auf Rückkühlwasser umzustellen. Da diese Neuinvestierungen bzw. Umbauten große Mittel beanspruchen, ist es wichtig, die günstigsten Bauformen zu entwickeln. Vor allem verschlingen die großen Rückkühlwerke nach der bisher üblichen Ausführung mit Holzeinbauten außerordentlich große Mengen an Holz (bis zu 1000 m³ je Rückkühlwerk). Man hat deshalb schon versucht, den Holzeinbau durch Platten aus Zementasbest zu ersetzen. In Leuna wurde seit 8 Jahren Igelit als Ersatz für Holz mit gutem Erfolg ausprobiert (Abb. 50). An Stelle der Holzbrettchen wurde eine in Wellenform und zwecks besserer Benetzung perforierte Igelitfolie verwendet. Während Holz eine Lebensdauer von 10 Jahren hat, kann man nach den bisherigen Versuchen bei Igelit mindestens mit 30 Jahren und mehr rechnen. Die höheren Investierungskosten

Abb. 50. Igeliteinbau für Rückkühlwerk

für Igelit, die durch die gestiegenen Holzpreise nicht mehr so stark ins Gewicht fallen, werde kompensiert durch die wesentlich längere Lebensdauer.

Über eine systematische Untersuchung der günstigsten konstruktiven Gestaltung von Kunststoffeinbauten in Kühltürmen hinsichtlich der mechanischen Festigkeit und des Einflusses auf das Betriebsverhalten ist bisher nichts bekannt geworden. Es wurden deshalb zwei Kaminkühltürme von 6 × 6 m Grundfläche und 25 m Höhe, bei einer Wassereinlaufhöhe von 8 m, aufgestellt. Der eine Turm wurde mit den im Werk bisher üblichen Holzhorden ausgerüstet, der andere mit gewellten und gelochten Kunststoffplatten von 0,8 mm Stärke (Abb. 51).

Abb. 51. Versuchsrückkühlwerke

Die Wellung versteift die schwachen Platten, die Perforation soll eine gleichmäßigere Wasserverteilung garantieren und Bachbildung verhindern. Beide Türme stehen in Nord-Süd-Richtung, senkrecht zur Hauptwindrichtung. Wegen des gegenüber normalen Betriebskühltürmen unnatürlichen Verhältnisses zwischen Kaminquerschnitt und Lufteintrittsquerschnitt wurden jeweils zwei Seiten der Lufteintrittsöffnung mit Platten verhängt, so daß die Kühltürme in ihrer Arbeitsweise dem Betriebsverhalten von Türmen der vierfachen Grundfläche (12 × 12 m) gleichkommen. Die Versuchsergebnisse über eine halbjährige Versuchsdauer liegen vor und zeigen, daß der mit Vinidurplatten versehene Kühlturm etwas besser rückkühlt als der Holzhordenturm.

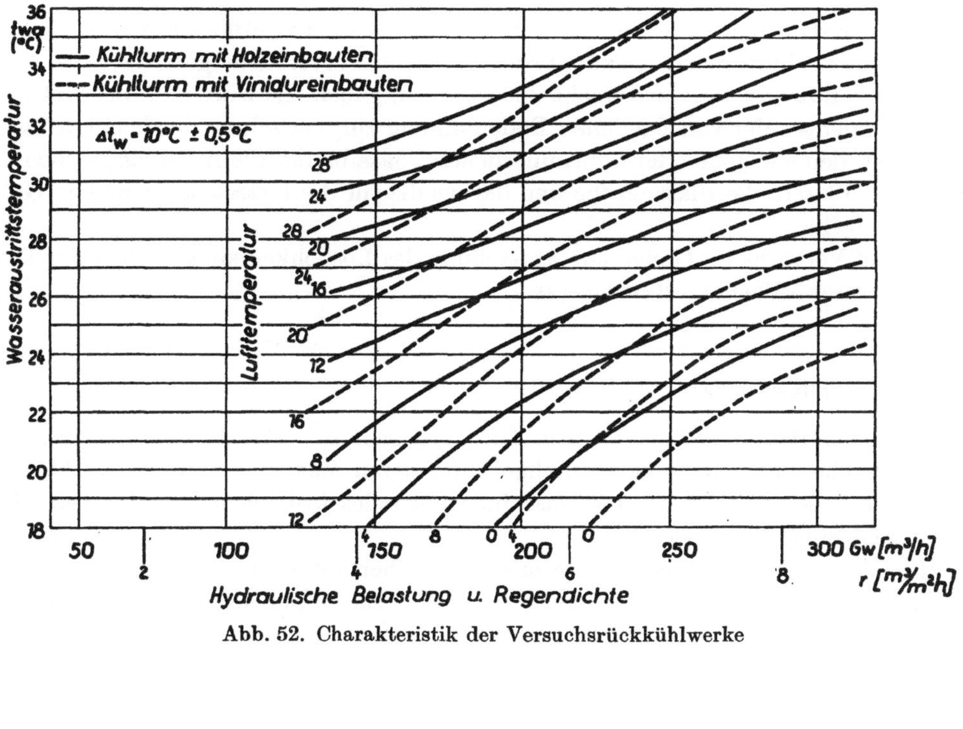

Abb. 52. Charakteristik der Versuchsrückkühlwerke

Aus den Versuchskurven für eine Kühlzonenbreite von $\Delta t_w = 10°$ C (Abb. 52) ist ersichtlich, daß die Kühlzone bei hoher, d. h. normaler Wasserbelastung von etwa 300 m³/h — entsprechend einer Regendichte von etwa 8,3 m³/m²h — und hoher Außenlufttemperatur bei Vinidureinbauten um ungefähr $^1/_2$° C tiefer liegt als bei Holzhorden. Bei kalter Witterung beträgt der Unterschied etwa 1° C. Bei geringer hydraulischer Belastung ist die Kühlwirkung des Kunststoffturmes dagegen wesentlich günstiger. Man erreicht eine um 3—4° C tiefere Kaltwassertemperatur.

Die grundsätzlich bessere Kühlwirkung der Kunststoffeinbauten ist auf den wesentlich geringeren Luftwiderstand der 0,8 mm dicken Vinidurfolie gegenüber den 10 mm starken Holzbrettchen — bei gleichem Plattenabstand, d. h. gleicher Austauschoberfläche, in beiden Fällen — zurückzuführen. Es muß deshalb vermutet werden, daß bei künstlicher Belüftung mit konstantem Luftdurchsatz die Kühlwirkung in beiden Fällen praktisch gleich wird.

Die gegenüber Holzhorden noch bessere Kühlwirkung der Kunststoffeinbauten bei geringerer Wasserbelastung kann folgendermaßen erklärt werden:

Der Luftwiderstand im Turm setzt sich im wesentlichen zusammen aus dem Flächen- und Formwiderstand der Einbauten und dem Widerstand der herabrieselnden Tropfen.

$$W_{\text{ges}} = W_{\text{Hord}} + W_{\text{Tropf}}$$

Bei geringer hydraulischer Belastung verringert sich W_{Tropf} und damit auch W_{ges}. Da nun der Einfluß von $W_{\text{Vin.hord}}$ auf W_{ges} von vornherein wesentlich geringer ist als der Einfluß von W_{Holzhord} auf W_{ges}, ruft eine Änderung von W_{Tropf} um einen bestimmten Betrag bei Vinidureinbauten eine prozentual höhere Widerstandsherabsetzung von W_{ges} hervor als bei Holzhorden. Die Rückkühlleistung ist aber eine Funktion des Luftwiderstandes W_{ges}. Die günstigste Hordenkonstruktion soll in einem weiteren Versuchskühlturm mit künstlicher Belüftung von 1,5×1,5 m² Grundfläche untersucht und den Holzeinbauten gegenübergestellt werden.

4.10 Extraktionsversuche

Es werden Extraktionsversuche an Siebbodenkolonnen ausgeführt mit dem Ziel, Bodenwirkungsgrade zu bestimmen. Dazu wurden bis jetzt Vorversuche gefahren, die Aufschluß über die Durchflußleistung von verschiedenen Böden gaben. Es wurden dabei bestimmt, die Ausflußkoeffizienten der verschiedenen Bodenöffnung zur Verteilung der leichten Phase, der Druckverlust, den ein Boden der kontinuierlichen Phase bietet, die Aufstiegsgeschwindigkeit der einzelnen Blasen, die Blasengröße und daraus die für die Extraktion wichtige Größe der Phasengrenzfläche.

Weiter sind Versuche im Gange zur Aufstellung des Löslichkeitsdiagrammes des Dreistoffgemisches Wasser—Phenol—Butylacetat.

4.11 Ultraschallversuche

In Zusammenarbeit mit dem Institut für experimentelle Physik der Universität Halle werden Versuche mit Ultraschall durchgeführt, deren Ziel eine weitere Aufklärung des thermodynamischen Verhaltens der Gase im Gebiet des kritischen Punktes beim Phasenübergang gasförmig-flüssig ist.

Die theoretische Darstellung der thermodynamischen Funktionen, insbesondere der technisch wichtigen kalorischen Zustandswerte (Entropie, Enthalpie, spez. Wärmen) ist in diesem Bereich außerordentlich schwierig. Es ist daher notwendig, weitere experimentelle Unterlagen zu schaffen. Hierzu gehört auch die Schallgeschwindigkeit deren Quadrat nach der bekannten Beziehung

$$a^2 = \left(\frac{\partial p}{\partial \varrho}\right) \text{isentr.} \qquad \begin{aligned} a &= \text{Schallgeschwindigkeit} \\ p &= \text{Druck} \\ \varrho &= \text{Dichte} \end{aligned}$$

in differentiellem Zusammenhang mit den Kurven konstanter Entropie steht.

Die Schallgeschwindigkeit läßt sich mit einem Ultraschallinterferometer sehr genau bestimmen. Abb. 53 zeigt die zu diesem Zweck entwickelte Versuchsanlage. Sie besteht aus einem Thermostaten (Bildmitte), in dem sich der Meßautoklav mit dem Interferometer befindet, links steht der Hochfrequenzgenerator zur Erzeugung des Ultraschalls. Bei den Versuchen werden besonders hohe Anforderungen an die Genauigkeit der Druck- und Temperatur-Meßgeräte gestellt. Deshalb war die Entwicklung geeigneter Meßverfahren notwendig. Mit dem zur Druckmessung benutzten Kolbenmanometer konnte bei Drucken von etwa 100 at eine Reproduzierbarkeit auf 0,01 at erreicht werden. Die Temperaturmessung erfolgt mit einem Platinwiderstandsthermometer, dessen Widerstand mit einer WHEATSTONEschen Brücke (in der Abb. links zusammen mit dem zugehörigen Galvanometer) gemessen wird.

Abb. 53. Versuchsanlage für Ultraschallversuche

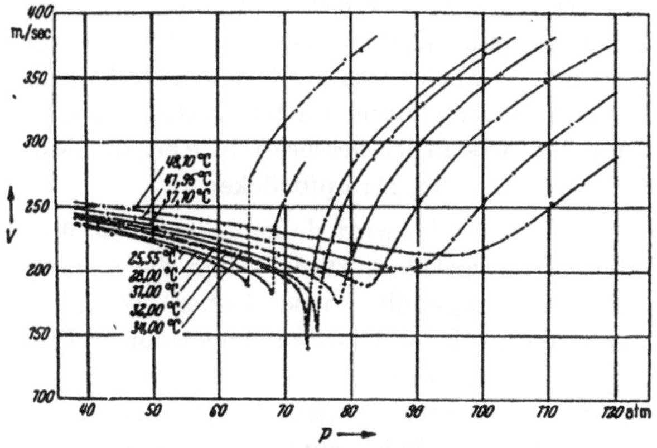

Abb. 54. Schallgeschwindigkeit für CO_2 als Funktion des Druckes

Die Untersuchungen wurden zunächst an CO_2 durchgeführt. Abb. 54 zeigt die dabei erhaltenen Ergebnisse; die Schallgeschwindigkeit ist auf Isothermen als Funktion des Druckes dargestellt. Sie hat im kritischen Punkt ($T = 31{,}04°$ C, $p = 72{,}80$ at) ein scharfes Minimum, wird jedoch nicht Null, wie man erwarten könnte. Aus diesen Werten lassen sich unter Hinzuziehung der thermischen Differentialquotienten $\left(\frac{\partial p}{\partial v}\right)_T$ und $\left(\frac{\partial p}{\partial T}\right)_V$ die spezifischen Wärmen C_v ermitteln.

Abb. 55 zeigt die für CO_2 bestimmten Werte. Sie sind für verschiedene Temperaturen in Abhängigkeit vom spezifischen Volumen $v\,(\text{cm}^3/\text{g})$ aufgetragen. C_v steigt im kritischen Punkt bis zum Dreifachen seines Normalwertes an. Es sei an dieser Stelle darauf hingewiesen, daß aus der VAN DER WAALschen Gleichung ein konstanter Wert für C_v folgen würde. Das tatsächliche Verhalten der kalorischen Zustandgröße C_v wird also durch die VAN DER WAALSsche Gleichung auch nicht qualitativ wiedergegeben.

Die Untersuchungen sollen auf weitere Gase (Äthan, Freon 12) ausgedehnt werden. Außerdem ist beabsichtigt, die Versuche auch bei höheren Drucken durchzuführen. Voruntersuchungen an einem Kolbenmanometer bis 6000 kg/cm² (es handelt sich um eine Neuentwicklung des VEB Meßgeräte- und Armaturenwerk „Karl Marx“ Magdeburg) werden z. Z. im Rahmen einer Diplomarbeit durchgeführt.

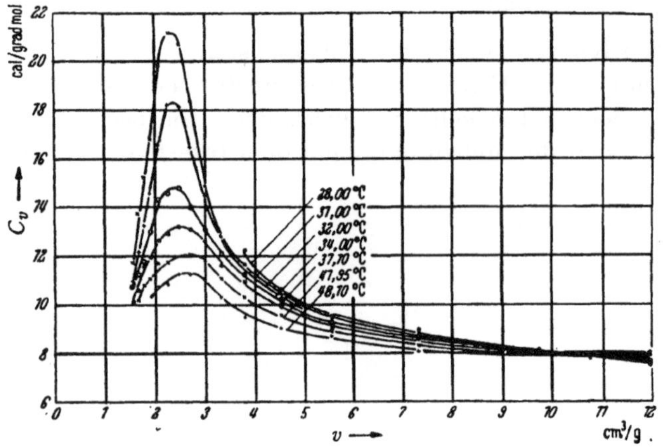

Abb. 55.
C_v als Funktion des spezifischen Volumens

4.12 Allgemeine Berechnungsmethoden für Stoffwerte

Die stetige Weiterentwicklung der chemischen Industrie bringt die Verwendung vieler neuer Stoffe mit sich. Vielfach sind deren Stoffwerte nicht bekannt. Es ist nun möglich, durch Analogiebetrachtungen aus dem prinzipiellen Verhalten anderer Stoffe auf die Werte für den interessierenden Stoff zu schließen.

Bereits die VAN DER WAALSsche Zustandsgleichung gibt allgemeingültige Korrekturglieder für die realen Gase, die aus physikalischen Betrachtungen heraus festgelegt wurden. Hierbei werden Verhältnisse zu den kritischen Daten gebildet. Mit dieser Betrachtungsweise über korrespondierende Zustände ist eine Methodik angewendet worden, wie sie sich über die p-v-T-Daten hinaus auch für die Betrachtung anderer Stoffeigenschaften bewährt. Diese Darstellung ist in Deutschland wenig bekannt, man begegnet ihr auch mit einer gewissen Skepsis hinsichtlich der Genauigkeit. Allgemeine Gleichungen sind jedoch oftmals nicht besser fundiert und gelten meist nur in eng begrenzten Bereichen. Auch haben z. B. in den USA durchgeführte Untersuchungen gezeigt, daß eine Destillationsrechnung mittels Aktivitäten, die nach korrespondierenden Zuständen berechnet waren, wesentlich bessere Werte ergab, als die konservative Methode mit dem RAOULTschen Gesetz und den Dampfdrücken.

Im Wärmetechnischen Berechnungsbüro der Leuna-Werke wird daher eine Arbeit über „Allgemeine Berechnungsmethoden für Stoffwerte“ ausgeführt. Darin sollen die neuesten wissenschaftlichen Erkenntnisse den Ingenieuren mitgeteilt sowie bisher wenig bekannte Berechnungsmöglichkeiten systematisch überprüft und zusammengestellt werden. Mit dieser Angabe vieler bewährter Berechnungsmethoden für die Stoffeigenschaften, die bei wärme- und verfahrenstechnischen Berechnungen interessieren, wird die Möglichkeit geschaffen, auch für Stoffe bzw. Zustände, für die bisher keine Meßergebnisse vorliegen, die notwendigen Stoffwerte zu bestimmen. Besonderer Wert wird auf die Darstellungsmöglichkeit der Stoffwerte bei hohen Drücken und in Gemischen gelegt. Die Druckeinflüsse konnten bisher vielfach mangels Unterlagen nicht berücksichtigt werden. Da die verfahrenstechnischen Prozesse jedoch in Richtung einer Steigerung der angewandten Drücke tendieren, gewinnt die Kenntnis des Hochdruckverhaltens an Bedeutung.

Bisher durchgeführte Arbeiten:

4.121 a) Verdampfungswärme

Die theoretischen Zusammenhänge zwischen Dampfdruckverlauf und Verdampfungswärme, wie man sie in der CLAUSIUS-CLAPEYRON-Gleichung ausgedrückt findet, sind bisher nicht Allgemeingut der Techniker geworden. Diese einfache Möglichkeit zu den genauen Werten für die Verdampfungswärme zu kommen, wird ausführlich gewürdigt. Ferner werden Wege angegeben für Inter- oder Extrapolation, bzw. die Bestimmung bei beliebigen Temperaturen bei Kenntnis eines Wertes. Für die Verdampfungswärme am normalen Siedepunkt sind von verschiedenen Forschern Formeln entwickelt worden. Gültigkeitsbereich und Genauigkeit wurden geprüft und eine allgemeingültige Beziehung graphisch gegeben.

4.122 b) Fugazität

Der Begriff der Fugazität ist in Deutschland bisher wenig bekannt. Von Lewis im Jahre 1900 eingeführt, hat sich die Fugazität als zweckmäßige Größe bei der Bestimmung von Dampf-Flüssigkeits-Gleichgewichten erwiesen. Mit ihrer Hilfe läßt sich die Genauigkeit der Berechnungen wesentlich erhöhen. Selbst bei Verwendung allgemeiner Diagramme unter Einführung reduzierter Größen ergab — wie bereits erwähnt — eine Destillationsrechnung mit Fugazitäten, die nach korrespondierenden Zuständen berechnet waren, bessere Ergebnisse als die konservative Methode mit dem RAOULTschen Gesetz und den Dampfdrücken. Allerdings beansprucht die Berechnung über die korrespondierenden Zustände mehr Zeit. In der hier durchgeführten Arbeit wird eine Einführung in dieses Gebiet gegeben mit den entsprechenden Anleitungen und Diagrammen für Berechnungen.

4.123 c) Zähigkeit

Es ist ein Verfahren bekannt, mit dem aus der Dichte und der Konstitution Zähigkeitswerte organischer Flüssigkeiten zu berechnen sind. Die Zähigkeit komprimierter Gase läßt sich über die kritischen Werte der Temperatur und des Druckes oder der Temperatur und der Dichte direkt oder über die Werte bei niederem Druck bestimmen. Für Flüssigkeiten ist der Anwendungsbereich begrenzt. Im allgemeinen ergibt sich gute Übereinstimmung zwischen berechneten und Meßwerten. Nur assoziierende Stoffe ergeben größere Abweichungen, die sich z. T. durch Einführung einer neuen Rechenmethode (Variante des bekannten Korrespondenzprinzips) vermeiden lassen. Für Gasmischungen geben empirische Formeln gute Werte, speziell für binäre Gasgemische wurden von verschiedenen Forschern Zusammenhänge theoretisch abgeleitet. Für die Zähigkeit von Gasgemischen unter Druck sind leider keine Meßwerte bekannt, die als Unterlage für die Ermittlung allgemeiner Beziehungen dienen könnten.

4.124 d) Berechnung kalorischer Größen aus PV-p-Diagrammen

Aus den Zustandsgrößen: Druck p, Volumen v und Temperatur T lassen sich nach den thermodynamischen Beziehungen die kalorischen Größen berechnen. Als zweckmäßigste Darstellung für das p-v-T-Verhalten der realen Gase wird das *PV-p-Diagramm* angesehen.

Die idealen Gasgesetze gelten nur im idealen Gasgebiet bei niederem Druck. In höheren Druckgebieten, besonders auch im kritischen Gebiet, treten starke Abweichungen vom Boyle-Mariotte-Gesetz auf, die durch die Kompressibilität der Gase bedingt sind. Es kann dann nicht mehr $\frac{p \cdot v}{T}$ = konst. angesetzt werden. Diese Erscheinung wird in Amerika in Form der μ-charts dargestellt, demgegenüber die Darstellung in PV-p-Diagrammen Vorteile bietet. μ bzw. PV sind Berichtigungsfaktoren für das reale Gasgebiet, wodurch die Abweichungen der Ausdrücke $\frac{p \cdot v}{T}$ bzw. pv für Isothermen von den Werten im Normalzustand $\frac{p_0 \cdot v_0}{T_0}$ bzw. $p_0 v_0$ berücksichtigt werden: $\frac{p \cdot v}{T} = \mu \cdot \frac{p_0 \cdot v_0}{T_0}$ bzw. $p \cdot v = (PV) \cdot p_0 v_0$. Für die wichtigsten Elemente und Verbindungen wurden im Wärmetechnischen Berechnungsbüro des VEB Leuna-Werke PV-p-Diagramme aufgestellt. Dazu wurden Methoden entwickelt zur Bestimmung folgender Größen aus diesen Diagrammen:

Freie Enthalpie G, Freie Energie F, Entropie S, Enthalpie I, innere Energie U, spezifische Wärme c_p bei konstantem Druck, spezifische Wärme c_v bei konstantem Volumen und Fugazität f. Auf Grund der angegebenen Verfahren ist es möglich, aus den vorhandenen p-v-T-Beziehungen auf genaue kalorische Daten zu kommen, wozu natürlich umfangreiche Rechnungen nötig sind.

Die Genauigkeit der halbgraphischen Auswertung ist jedoch so groß, daß in den meisten Fällen reine Näherungsrechnungen genügen, ohne daß der Fehler über 0,5% steigt. Da nur die Genauigkeit der p-v-T-Messungen von Einfluß ist, kann dieses Verfahren mit jedem mathematischen Verfahren konkurrieren.

Viele Rechnungen lassen sich vereinfachen, wenn alle thermodynamischen Größen berechnet werden sollen, da häufig die gleichen Faktoren auftreten. Auch hat man es meist nur mit Differenzen zu tun, bei denen die Integrationskonstante nicht berücksichtigt zu werden braucht. Die Arbeit schrumpft dabei auf ein Minimum zusammen. Da die abgeleiteten Formeln verhältnismäßig einfach sind, können die Rechnungen auch von weniger geübten Personen durchgeführt werden.

In der Diskussion, an der sich die Herren ALBRING, BOIE, CHRISTIAN, EISENKOLB, JANTE, KIENAST, KUSE, LICHTENHELDT und WIRTH beteiligten, wurden noch einige mit dem Vortrag zusammenhängende Spezialfragen behandelt.